KB274981

PEANUTS™

PEANUTS™
달콤한 스누피 베이킹

찰스 M. 슐츠 그림 | 박혜원 옮김

더모던
Themodern L

HAPPY

BIRTHDAY

매일이 축제야! * 8

봄과 여름의 간식

가을과 겨울의 간식

생강 쿠키, 키라임 파이, 당근 컵케이크,
초콜릿 와플, 생일 케이크……

와, 이름만 들어도 그 향긋한 냄새와 달콤한 맛이 떠오르지 않아? 워낙 특별한 간식들이니까 자주 먹기 어렵다고 생각하겠지만, 천만에! 달력을 들여다보면 일 년 내내 기념해야 할 특별한 날들이 빼곡하잖아! 밸런타인 데이, 어버이날, 크리스마스, 생일, 봄 소풍, 여름 물놀이, 가을 캠핑, 겨울 눈싸움, 친구와 다투고 펑펑 운 날, 야구 경기에서 삼진 당한 날……

어떤 날이든 마법 같은 향기를 더하면 특별해지는 거야. 우리의 스누피와 친구들처럼 말이지. 진심 가득한 정성에 재미 한 꼬집, 사랑 한 덩이, 그리고 익살을 수북이 한 스푼 넣어 열심히 반죽해서 굽는 거야. 그러면 내가 전하고 싶었던 마음이, 위로가, 축하가, 감사가, 웃음이 틀림없이 전해진다고! 훨씬 더 강렬하고 달콤하고 선명하게.

그러니까 오늘이 특별하길 바란다면, 매일을 축제처럼 반짝이게 만들고 싶다면, 지금 당장 이 책을 들고 앞치마를 메고 주방으로 들어가!

THE
CHEF
IS IN

봄과 여름의 간식

Spring & Summer Treats

성녀 패티의 아일랜드 소다빵

St. Patty's Irish Soda Bread

이 둥그런 시골 빵을 오븐에서 막 꺼내서 한입 베어물면
온 동네 요정들이 구수한 빵 냄새에 홀려 찾아올 거야.

재료 (둥근 빵 1개분)

박력분 밀가루 2¼컵과 뿌리는
  용도로 조금 더
압착 귀리 ½컵
밀기울 ¼컵
베이킹소다 1½작은술
소금 1작은술
차가운 무염 버터 4큰술,
  9조각으로 잘라서
저지방 플레인 요거트 1½컵

*'성 패트릭의 날'에 굽는 빵이어서 '성녀 패티'라고 말장난을 친 거야. 아일랜드에 기독교를 전한 성인 패트릭을 기념하는 날로, 매년 3월 17일이지.

만드는 법

1 테두리가 있는 오븐용 팬을 오븐에 넣고 220℃로 예열해.

2 큰 그릇에 밀가루, 귀리, 밀기울, 베이킹소다, 소금을 넣고 휘젓다가, 버터 조각들을 흩뿌리고 손가락으로 비비며 거친 가루 질감이 날 때까지 섞어. 그 후에 요거트를 붓고 재료들이 고르게 섞여 공처럼 뭉칠 때까지 빠르게 저어.

3 밀가루를 살짝 뿌린 작업대에 반죽을 올리고 30초 동안 살살 주물러서 반죽이 들러붙지 않게 골고루 밀가루를 묻혀(이때 반죽은 부드러워야 해). 반죽을 공 모양으로 굴렸다가 납작하게 눌러 완만한 반구형으로 만든 다음, 밀가루를 뿌리고 손끝으로 문질러서 반죽 전체를 고르게 덮고, 날카로운 칼로 반죽 위쪽에 얕게 X자를 그려.

4 오븐에서 팬을 꺼낸 다음, 큰 금속 주걱으로 빵 반죽을 예열된 팬으로 옮겨 담아서 다시 오븐에 넣어. 빵이 잘 부풀며 갈색으로 변하고, 딱딱해져서 바닥 쪽을 두드렸을 때 속이 빈 듯한 소리가 날 때까지 30-35분 동안 구우면 완성! 철망으로 옮겨 살짝 식힌 뒤, 따뜻할 때 맛있게 먹으면 돼!

* 그레이엄 그린: "권력과 영광" 등을 집필한 영국의 소설가이자 극작가

행운의 클로버 쿠키 *Lucky Shamrock Cookies*

이 작은 녹색 클로버 모양 과자를 먹으면 성 패트릭의 날에 지그 춤이 절로 나올걸!

재료 (쿠키 40개분)

중력분 밀가루 2½컵
  (뿌리는 용도로 조금 더)
베이킹파우더 ½작은술
소금 ¼작은술
상온에 둔 무염 버터 1컵
과립 설탕 1컵
큰 달걀 1개
퓨어 바닐라 추출물 2작은술
아몬드 추출물 ½작은술
클로버 아이싱 (118쪽 참고)
녹색 크리스털 슈거 (뿌리는 용도.
  취향에 따라 빼도 돼!)

만드는 법

1 그릇에 밀가루, 베이킹파우더, 소금을 체 쳐 담아.

2 큰 그릇에 버터와 과립 설탕을 넣고 중속의 전기 믹서로 1분쯤 섞다가, 달걀과 바닐라와 아몬드 추출물을 더해 저속으로 잘 섞어줘. 반죽 덩어리가 되도록 적당히 치댄 다음, 반죽을 반으로 나누어 납작한 원반 모양으로 눌러. 두 원반을 각각 랩으로 빈틈없이 싸서 단단해질 때까지 최소한 1시간에서 하룻밤 정도 냉장고에 넣어둬.

3 오븐을 175℃로 예열하고, 큰 오븐용 팬 3개에 각각 유산지를 깔아.

4 차가워진 반죽 1개를 꺼내서 밀가루를 뿌린 작업대에 올리고, 밀가루를 뿌린 밀대로 약 0.6cm 두께로 밀어서, 클로버 모양 쿠키 커터로 최대한 많이 찍어낸 다음. 금속 주걱으로 팬에 2.5cm 간격으로 올려. 남은 반죽 고각들은 공 모양으로 뭉쳐서 단단해지도록 냉장고에 넣었다가, 꺼내서 이 과정을 반복하여 쿠키를 찍어내.

5 한 번에 팬 1판씩, 10-13분 동안 구워. 쿠키 바닥과 가장자리가 살짝 갈색이 되고 윗면은 색이 변하지 않는 정도로 구워지면, 꺼내서 철망에 놓고 5분쯤 식힌 다음, 받침대에 올려 약 30분 정도 완전히 식혀.

6 아이싱을 길게 짜거나 방울방울 떨어뜨려 쿠키를 장식하고, 취향에 따라 설탕을 뿌려도 돼. 밀폐 용기에 넣으면 상온에서 3일까지 보관할 수 있어.

스누피의 황금 단지 Snoopy's Pot O' Gold

봄비가 촉촉이 내린 후에 하늘에 걸린 예쁜 무지개,
그 끝에서 황금이 가득 담긴 초콜릿 단지를 발견한다면, 얼마나 신나겠어!

재료 (6인분)

세미스위트 또는 비터스위트
   초콜릿 칩 1컵
식물성 고형 쇼트닝 1큰술
작은 풍선 6개 (작은 물풍선 크기)
초콜릿을 입힌 건포도 1½컵
식용 금가루 ¼-½작은술

만드는 법

1 전자레인지용 그릇에 초콜릿 칩과 쇼트닝을 넣고, 전자레인지에서 30초 돌린 다음, 저어주면서 잘 녹을 때까지 다시 15초씩 돌려. 그런 다음 따뜻한 온기가 거의 없어질 정도로 10-15분 식혀. 그동안 풍선을 불어서 매듭을 지어두고, 테두리가 있는 오븐용 팬에 왁스페이퍼를 깔아.

2 풍선 매듭을 잡고 반대쪽을 녹은 초콜릿에 담가서 풍선 바닥에 2.5cm 정도로 초콜릿을 입히고, 풍선을 초콜릿 면이 아래를 향하도록 하여 왁스페이퍼를 깐 팬에 올려. 나머지 풍선들도 같은 방식으로 초콜릿을 입히면 돼. 초콜릿이 굳도록 팬을 냉장고에 5-10분 동안 넣었다가, 풍선을 바늘로 터뜨리면 초콜릿 단지만 남겠지? 이걸 서늘한 상온에 두거나, 냉장고에 넣으면 하루쯤 보관할 수 있어.

3 밀폐 용기에 건포도를 담고, 금가루 ¼작은술을 떠서 건포도 위에 뿌리고 뚜껑을 닫아 골고루 잘 섞일 때까지 흔들어줘. 색이 너무 연하면 금가루를 더 넣고 다시 흔들고!

4 황금 건포도를 초콜릿 단지에 나누어 담아 내면, 휘황찬란한 황금 단지 완성!

에이프릴 풀 *April Fool*

풀(Fool)은 16세기에 등장한 영국의 디저트로, 크림과 과일 퓨레를 빙글빙글 휘저어 만들지.
이 맛있는 간식을 안 먹는 건 그야말로 바보 짓이야!

재료 (4인분)

블루베리 1컵
설탕 3큰술
블랙커런트 시럽 1큰술
헤비 크림 1컵
퓨어 바닐라 추출물 ½작은술
곱게 간 레몬 껍질 ¼작은술

만드는 법

1 작은 냄비에 블루베리와 설탕 2큰술을 넣고, 중불에 올려 자주 저어가며 블루베리가 무를 때까지 약 10분 동안 익힌 다음, 블랙커런트 시럽을 넣고 저어. 그릇에 따라 식힌 다음 뚜껑을 덮어 냉장고에 1-2시간 넣어둬.

2 큰 그릇에 크림, 바닐라, 남은 설탕 1큰술을 넣고, 믹서를 중속으로 켜서 부드러운 뿔 모양이 올라올 때까지 섞어. 그런 다음에 블루베리 혼합물(1번)과 레몬 껍질을 넣고 실리콘 주걱으로 살살 개듯이 섞어주면 "풀" 완성!

3 디저트 잔에 "풀"을 숟가락으로 떠서 바로 내거나, 냉장고에 2시간 동안 넣어두었다가 먹어봐.

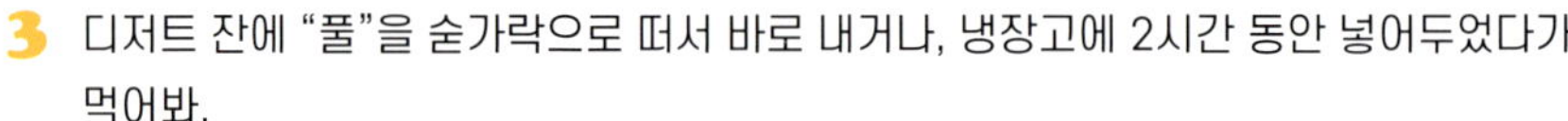

만우절 장난이야!

우드스톡의 부활절 달걀 둥지 *Woodstock's Easter Egg Nest*

코코넛으로 덮인 머랭 둥지에 알록달록한 젤리빈이 가득 찬, 특별한 부활절 간식!

재료 (둥지 12개분)

상온에 둔 큰 달걀 3개, 흰자만
타르타르 크림 ¼작은술
소금 한 꼬집
설탕 ¾컵
퓨어 바닐라 추출물 1작은술
말린 코코넛 채 ½컵
형형색색의 젤리빈 큰 것 1봉지
　(약 370g)

만드는 법

1 오븐을 약 110℃로 예열하고, 오븐용 팬 2개에 각각 유산지를 깔아.

2 큰 그릇에 달걀 흰자를 넣고 전동믹서로 거품을 내다가, 타르타르 크림과 소금을 넣고, 설탕을 한 번에 1큰술씩 넣으며 계속 저어줘. 중간중간 작동을 멈추고 실리콘 주걱으로 그릇 옆면을 훑어주면서, 흰자 거품이 단단하게 뿔처럼 올라와 무너져 내리지 않을 때까지 15-20분 동안 계속해서 휘저어야 해. 여기에 바닐라를 넣고 저어서 잘 섞어줘.

3 큰 숟가락으로 같은 양으로 6번 떠서, 팬에 충분한 간격을 두고 올려. 이때 숟가락 뒷부분으로 각 혼합물의 중앙을 움푹하게 눌러 새 둥지 같은 모양을 만들어줘. 모양이 완벽하지 않아도 괜찮아. 이제 각 둥지에 코코넛을 조금씩 뿌리고, 둥지 가운데에는 젤리빈을 3개씩 얹어.

4 둥지를 2시간 동안 굽고, 오븐을 끈 뒤 팬을 따뜻한 오븐 안에 30분간 그대로 둬.

5 팬을 받침대 위에 놓고 둥지를 완전히 식혀.

6 손가락으로 조심히 둥지를 종이에서 떼어내. 각 둥지에 젤리빈을 몇 개씩 더 올려서 내면 완성! 밀폐 용기에 담아 상온에 두면 하루 정도 보관할 수 있어.

"여섯 마리 아기 토끼" 당근 컵케이크

"Six Bunny-Wunnies" Carrot Cupcakes

사랑스러운 아기 토끼들처럼 행복하게 춤추게 만드는 맛!

재료 (컵케이크 18개분)

중력분 밀가루 2¼컵

황설탕 눌러 담아 1½컵

베이킹파우더 1큰술

시나몬 가루 1작은술

소금 ½작은술

당근 채썰어서 1½컵

식물성 기름 ¾컵

상온에 둔 큰 달걀 4개, 살짝 풀어서

퓨어 바닐라 추출물 1½작은술

호두 잘게 다진 것 ¾컵 (취향에 따라)

크림치즈 프로스팅 (119쪽 참고)

만드는 법

1 오븐을 약 160℃로 예열하고, 표준 18구 머핀 팬에 종이호일을 깔아.

2 큰 그릇에 밀가루, 황설탕, 베이킹파우더, 시나몬, 소금을 넣고 휘저어.

3 작은 그릇에 당근, 기름, 달걀, 바닐라를 넣고 잘 섞고, 이걸 밀가루 혼합물(2번)에 넣고 다같이 잘 섞어줘. 취향에 따라 견과류를 넣어도 좋아.

4 머핀 팬에 반죽을 붓고, 16-18분 동안 구워. 컵케이크 한가운데를 이쑤시개로 찔렀을 때 아무것도 묻어나오지 않으면, 팬을 철망에서 5분간 식힌 다음 받침대 위에 올려서 마저 식혀. 먹기 직전에 프로스팅을 얹어서 내면 끝! 밀폐 용기에 담아 냉장고에 넣으면 3일까지 보관해도 돼.

코맥카롱 *Cormacaroons*

코코넛이 먹고 싶어? 그렇다면 이 완벽한 유월절 마카롱을 먹어봐.
쫀득하고 달콤한데 밀가루도, 팽창제도 안 들었거든!

재료 (마카롱 약 18개분)

가당 코코넛 채 3½컵
설탕 ¾컵
큰 달걀 5개, 흰자만 살짝 풀어서
퓨어 바닐라 추출물 1½작은술
아몬드 추출물 ¼작은술

만드는 법

1. 테두리가 있는 오븐용 팬에 유산지를 깔아. 그릇에 코코넛, 설탕, 달걀 흰자, 바닐라 및 아몬드 추출물을 넣고 잘 젓고, 준비해둔 팬에 펴 담아서 냉장고에서 30분쯤 차갑게 식혀.

2. 오븐을 약 150℃로 예열하고, 테두리가 있는 오븐용 팬을 1개 더 준비해서 유산지를 깔아.

3. 코코넛 혼합물(1번)을 숟가락으로 수북이 떠서 작고 둥근 반구형으로 다진 다음, 준비한 팬에 올려.

4. 마카롱을 30분 동안 굽고, 노릇노릇 익으면 받침대로 옮겨 완전히 식혀.

5. 밀폐 용기에 넣어 냉장고에서 3일까지 보관할 수 있어. 먹기 전에 상온에 약 1시간 정도 끼니두면 돼.

부활절 달걀 롤리팝 *Easter Egg Lollipops*

이 화이트초콜릿 부활절 달걀은 친구들과 만들기 좋아.
롤리팝을 미리 준비했다가, 다 같이 모였을 때 함께 장식할 수 있지.

재료 (롤리팝 8개분)

화이트초콜릿 칩 1봉지 (약 310g)

식용 색소 3가지

장식용 사탕이나 스프링클 (취향대로)

만드는 법

1 초콜릿 칩을 내열성 그릇에 담아 물이 끓는 냄비 위에 물에는 직접 닿지 않게 올려. 때때로 저으면서 초콜릿이 녹아서 부드러워질 때까지 약 5분 동안 가열해.

2 녹인 초콜릿의 반을 작은 그릇 3개에 나누어 담고, 각 그릇에 식용 색소를 한 방울씩 떨어뜨리고 잘 저어. 각각의 초콜릿을 숟가락으로 떠서 지퍼백에 담고 공기를 뺀 후 밀봉해. 초콜릿이 굳지 않도록 지퍼백을 따뜻한 물이 담긴 그릇에 담가둬야 해.

3 막대사탕 막대를 왁스페이퍼를 깐 큰 팬에 적당한 간격으로 올리고, 숟가락으로 색소를 섞지 않은 화이트초콜릿을 소량 떠서 막대 한쪽 끝에 약 5-8cm 크기의 타원 모양을 만들어. 그리고 막대를 조심스레 굴려 초콜릿을 입혀. 막대 끝이 타원의 중간 부분에 닿아 있는 게 좋아. 초콜릿을 밀봉한 지퍼백의 물기를 말린 후 한 쪽 귀퉁이를 잘라, 각 타원 위로 짜서 원하는 모양대로 장식한 다음 15분쯤 굳혀. 이제 왁스페이퍼를 벗겨내고 맛있게 먹으면 끝!

짭
짭
짭

자, 레몬사탕 한 개 먹어…
내가 골라도 될까…

!
달그락 달그락 달그락
부시럭 부시럭

고마워… 정말 잘 먹을게…

이 멍청아! 봉지에 든 레몬사탕을 거의 다 건드렸잖아! 한 개만 가져가면서…
왜 사탕을 죄다 만지작거리는 거야?
네가 건드린 레몬 사탕들을 내가 먹을 줄 알아?!

자! 네가 만진 레몬 사탕을 전부 꺼내 가! 난 네 손가락이 닿은 사탕은 먹지 않을 거야!

어, 이건 내가 만졌던 것 같고, 이것도. 아마 이것도 만진 것 같고, 또…

레몬 사탕 하나 먹을래?

POW!

내가 늘 바랐던 거야…
방안 가득한 레몬 사탕들!

라이너스의 레몬사탕 바 *Linus's Lemon Drop Bars*

입에서 살살 녹는 달콤한 부활절 간식! 레몬을 사랑하는 친구들에게 딱이지!

재료 (사탕 16개 분량)

크러스트
중력분 밀가루 1¼컵
슈거파우더 ½컵
옥수수 전분 ¼컵
소금 ½작은술
차가운 무염 버터 ½컵과 3큰술 더,
　(약 0.3cm 두께로 잘라둘 것)
찬물 1큰술

레몬사탕 속
큰 달걀 3개와 큰 달걀 노른자 3개 더
과립 설탕 1컵
중력분 밀가루 3큰술
소금 ½작은술
강판에 간 레몬 껍질 1큰술
신선한 레몬즙 ¾컵
전지 우유 ⅓컵
슈거파우더 (뿌리는 용도)

만드는 법

1 우선 크러스트 만들기. 20cm 정사각형 오븐용 팬에 기름을 살짝 바르고, 유산지가 팬의 양쪽 끝으로 5cm쯤 밖으로 나오도록 깔아.

2 푸드 프로세서에 밀가루, 슈거파우더, 옥수수 전분, 소금을 넣고 잘 섞다가, 버터를 넣고 혼합물이 연한 빛깔에 거친 질감이 될 때까지 8-10분 정도 섞어. 여기에 찬물까지 넣고 잘 섞어줘.

3 이것을 팬에 담는데, 꾹꾹 눌러 평평하게 만들어야 해. 바닥 두께가 0.6-1.3cm이고, 팬의 옆면으로 1.3cm쯤 올라오는 높이면 적당해. 20분 동안 냉장고에 넣어두고, 그 동안 오븐을 175℃로 예열해.

4 25-30분 동안 구워. 빵의 껍질이 노릇노릇하게 변하면 팬을 오븐에서 꺼내고, 오븐의 온도를 약 160℃로 낮춰.

5 이번엔 속 만들기. 그릇에 달걀과 달걀 노른자, 과립 설탕, 밀가루, 소금, 레몬 껍질, 레몬즙, 우유를 넣고 잘 휘저어서 섞으면 완성! 따뜻한 크러스트에 부으면 돼.

6 속이 굳어서 가운데 부분이 움직이지 않을 정도로만, 25-30분 동안 구워. 팬을 철망에 놓고 30분쯤 식힌 다음, 유산지를 이용해 디저트를 들어올려. 16개의 바 형태로 잘라 슈거파우더를 넉넉히 뿌려줘.

BAKE AT 175°C

호세 페터슨의 번트 케이크 *José Peterson's Bundt Cake*

지난 경기의 번트는 잊어라! 이 달콤한 레몬 맛 블루베리 번트 케이크는
강타자가 개막전 첫 타석에서 홈런을 날리는 맛이라고!

재료 (10인분)

중력분 밀가루 3컵
베이킹파우더 1큰술
소금 ½작은술
상온에 둔 무염 버터 6큰술
설탕 ⅓컵 (약 340g)
큰 달걀 2개
퓨어 바닐라 추출물 2작은술
강판에 간 레몬 껍질 1작은술
사워크림 ¼컵
우유 ¾컵
생 블루베리나 냉동 블루베리 2컵
레몬 아이싱 (118쪽 참고)

*번트 케이크(bundt cake)는, 도넛처럼 가
운데가 뻥 뚫린 모양의 케이크야.

만드는 법

1 오븐을175℃로 예열하고, 25cm 번트 팬에 기름칠을 해. 그릇에는 밀가루, 베이킹파
우더, 소금을 체 쳐 놓고.

2 큰 그릇에 버터를 넣고, 믹서기의 중속으로 연한 색깔을 띨 때까지 젓다가, 설탕을 넣고
더 섞어줘. 달걀도 한 번에 한 개씩 넣고, 넣을 때마다 저어줘. 바닐라, 레몬 껍질, 사워
크림도 넣고 섞어. 이제 저속으로 낮추고 밀가루 혼합물(1번)과 우유를 번갈아서 버터
혼합물에 넣으며 섞어. 단 처음과 끝은 밀가루 혼합물이어야 해. 반죽이 매우 걸쭉해졌
을 거야.

3 팬에 반죽의 절반을 숟가락으로 떠 넣고, 그 위에 블루베리 1컵을 흩뿌린 다음 반죽에
살며시 눌러줘. 블루베리 위에 나머지 반죽을 숟가락으로 떠 넣고, 다시 남은 블루베리
를 뿌린 다음 반죽 속으로 살짝 눌러. 1시간쯤 구워서, 케이크 가운데를 이쑤시개를 찔
러보았을 때 아무것도 묻어나오지 않으면 받침대에 올려 팬째로 10분 동안 식혀. 팬을
뒤집어서 케이크를 꺼낸 뒤 완전히 식히고.

4 이제 케이크를 접시에 옮겨 담아. 윗면에 골고루 아이싱을 뿌리며 옆면으로 살짝 흘러
내리도록 하면 돼. 즉시 식탁에 내거나, 상온에서 하루 정도 보관할 수 있어.

"피처"의 프루트펀치 *"Pitcher" of Fruit Punch*

마운드에 선 피처(투수)가 무더위에 지쳐 보인다면
이 상큼하고 알갱이가 톡톡 씹히는 과일 주스 피처(큰 병)를 건네줘!

재료 (6-8인분)

레몬 1개, 껍질째 얇게 저민 것
오렌지 1개, 껍질째 얇게 저민 것
라임 1개, 껍질째 얇게 저민 것
사과 1개, 심을 도려내고 잘게 다진 것
딸기 8개
신선한 레몬주스 ¼컵
신선한 오렌지주스 1컵
포도주스 3컵
스파클링 애플사이다 또는 탄산수 1병
  (약 720g)

만드는 법

1 큰 유리 물병 바닥에 과일을 층층이 쌓고, 레몬주스와 오렌지주스와 포도주스를 콸콸 붓고 살살 저어. 그러고 나서 냉장고에 최소 3시간 이상 넣어두면 끝!

2 얼음을 넣고, 취향에 따라 스파클링 사이다나 탄산수를 넣어 즐기면 돼.

픽펜의 흙먼지 케이크 *Pigpen's Dirt Cake*

'지구의 날' 특별 간식으로, 흙먼지를 뿌린 이 이층 초코 케이크를 먹어봐.
픽펜이 정말 뿌듯해할 거야.

재료 (10-12인분)

무가당 초콜릿 110g (곱게 다진 것)
중력분 밀가루 2¼컵
베이킹소다 1작은술
소금 ¼작은술
상온에 둔 무염 버터 1컵
눌러담은 황설탕 1컵
과립 설탕 ¾컵
상온에 둔 큰 달걀 4개
퓨어 바닐라 추출물 2작은술
상온에 둔 저지방 버터밀크 1컵
초콜릿 퍼지 프로스팅 (119쪽 참고)
가당 코코아 파우더 (뿌리는 용도)

만드는 법

1 오븐을 175℃로 예열해. 약 23cm 크기의 둥근 케이크 팬 2개에 기름칠을 하고, 유산지를 팬에 딱 맞게 잘라서 바닥에 깐 다음, 유산지에 다시 기름칠을 하고 밀가루를 살짝 뿌려(가루가 많은 곳은 두드려줘).

2 무가당 초콜릿을 내열성 그릇에 담아 끓는 물 위에 (닿지 않도록) 올리고, 자주 저어주며 초콜릿이 녹아 부드러워질 때까지 약 5분 정도 데운 다음, 불을 끄고 식혀.

3 그릇에 밀가루, 베이킹소다, 소금을 넣고 휘저어.

4 큰 그릇에 버터, 황설탕, 과립 설탕을 넣고, 블렌더나 혼합기를 장착한 반죽기로 크림처럼 부드러워질 때까지 중속으로 약 2분간 섞어. 달걀을 1개씩 넣는데, 1개 넣을 때마다 잘 섞어줘. 블렌더 작동을 멈추고 그릇 옆면을 실리콘 주걱으로 훑어 모아준 다음, 바닐라를 넣고 중속으로 1분 더 섞어. 여기에 녹인 초콜릿(2번)을 넣고 고루 섞이게 저어. 이젠 블렌더를 저속으로 해서, 밀가루 혼합물(3번)과 버터밀크를 번갈아 첨가하며 그때그때 저어주는데, 시작과 끝은 밀가루 혼합물이어야 해. 블렌더를 멈추고 필요하다면 한 번 더 실리콘 주걱으로 옆면에 묻은 내용물들을 긁어 모아.

조금만 더 힘을 내…

5 준비해둔 팬 2개에 반죽을 골고루 나누어 붓고, 30-35분 동안 구워. 한가운데를 이쑤시개로 찔렀을 때 묻어나오는 것 없이 깨끗하면, 팬째 철망에 올려 20분간 식혔다가, 뒤집어서 접시에 담고 유산지를 벗겨낸 다음, 다시 뒤집어서 윗면이 위로 오게 해. 만들어진 케이크 시트들은 완전히 식혀.

6 빵칼로 각 케이크 시트의 둥근 윗면을 잘라내고, 잘려진 조각들은 구멍이 넓은 체에 넣고 빵 부스러기를 만들어.

7 케이크 접시에 시트 1장을 바닥이 밑으로 가게 올리고, 프로스팅을 ⅓ 분량을 떠서 중앙에 올린 뒤 아이싱 주걱으로 고르게 펴 발라. 두 번째 시트를 윗면이 아래로 가도록 해서 올리고, 프로스팅을 케이크 옆면에 먼저 펴 바른 다음, 윗면에 발라줘. 그 위에 초콜릿 케이크 부스러기를 뿌린 뒤, 손으로 케이크 윗면과 옆면에 부스러기들을 눌러주고 코코아 파우더를 뿌려. 자, 이제 먹기 좋게 잘라서 내면 완성!

삽을 꼭 챙겨!

내게는 새로운 경험이 될 거야…
너도 이게 아주 보람찬 일이라는 걸 알게 될 거야…

나무를 심는다는 건 미래를 믿는다는 걸 보여주지…

여기가 내가 생각해둔 장소야… 여기가 완벽한 것 같아…

많이 팠네. 그 정도면 돼.

됐다! 아름답지 않니? 시간이 흘러 언젠가 우린 이 나무 그늘에 앉게 될지도 몰라. 소풍도 오고…

아 이 쿠

SCHULZ

루시의 식목일 컵케이크 *Lucy's Arbor Day Cupcakes*

가장 좋아하는 공원으로 소풍을 나가서,
가장 좋아하는 나무 그늘 아래에 앉아 한입 베어 물면 완벽할 컵케이크!

재료 (컵케이크 12개분)

중력분 밀가루 1¼컵

베이킹파우더 1¼작은술

소금 ¼작은술

상온에 둔 무염 버터 6큰술

설탕 ¾컵

큰 달걀 2개

퓨어 바닐라 추출물 1작은술

전지우유 ⅓컵

바닐라 프로스팅 (119쪽 참고)

장식용 프레첼 트리 (120쪽 참고)

만드는 법

1 오븐을 175℃로 예열하고, 표준 12구 머핀 컵에 종이호일이나 은박지를 깔아.

2 작은 그릇에 밀가루, 베이킹파우더, 소금을 넣고 휘저어. 큰 그릇에는 버터와 설탕을 넣고 전기 믹서를 중고속으로 작동하여 연한 빛깔의 폭신한 느낌이 들 때까지 2-3분 휘젓다가, 달걀을 1개씩 넣으며 넣을 때마다 잘 섞어줘. 믹서를 끄고 실리콘 주걱으로 그릇 옆면에 묻은 내용물을 긁어 모은 다음, 바닐라를 넣고 잘 섞일 때까지 저어. 밀가루 혼합물을 절반 정도 넣고 잘 뭉쳐질 정도로만 저속으로 섞다가, 우유를 넣고 섞어주고, 나머지 밀가루를 마저 다 넣고 잘 뭉쳐질 정도로만 저속으로 섞어. 이제 믹서를 끄고 그릇 옆면에 묻은 내용물을 훑어준 후 주걱으로 마지막으로 반죽을 한 번 저어줘.

3 머핀 컵에 반죽을 고르게 나누어 넣고, 18-20분 동안 구워. 윗부분이 연한 황금빛으로 변하고 가운데를 이쑤시개로 찔렀을 때 아무것도 묻어나오지 않으면, 팬을 오븐에서 꺼내 철망 위에 올려 10분간 식힌 다음, 컵케이크를 받침대 위로 옮겨서 1시간 동안 완전히 식혀.

4 작은 아이싱 주걱이나 버터칼로 컵케이크 윗면에 프로스팅을 바른 다음, 각 컵케이크 위에 프레첼 트리를 심고 맛있게 먹으면 끝!

우드스톡의 추로짹스 *Woodstock's Churro Chürps*

페이스트리 반죽을 튀긴 이 간식은,
원래는 스페인의 요리니까 신코 데 마요(Cinco de Mayo)에 제격이지!

재료 (추로스 약 35개분)

크러스트
하프&하프 크림 1컵
무염 버터 3큰술 (약 1.3cm 크기의
　정육면체로 썰어둘 것)
과립 설탕 ½컵
무가당 코코아 파우더 ⅓컵
퓨어 바닐라 추출물 1작은술

추로스
물 1컵
무염 버터 ½컵
소금 ½작은술
중력분 밀가루 1컵
상온에 둔 큰 달걀 3개
퓨어 바닐라 추출물 ½작은술
튀김용 카놀라유
과립 설탕 ⅔컵
시나몬 가루 1작은술

* '신코 데 마요'는 스페인어로 '5월 5일'이라는 뜻이야.

만드는 법

1 초콜릿 소스 만들기. 하프&하프 크림, 버터, 설탕, 코코아 파우더를 냄비에 넣고, 중약불로 뭉근히 끓이며 다 녹을 때까지 휘젓고, 계속 휘저으며 1분 동안 끓여. 불을 끄고 바닐라를 넣고 저어줘. 소스를 내열 그릇에 붓고 뚜껑을 덮어 잠시 두자.

2 이젠 추로스 만들기. 물과 버터와 소금을 냄비에 넣고, 중불로 끓이며 계속 저어 버터를 녹이고, 밀가루를 한 번에 붓고 나무 숟가락으로 세게 저어. 이때 밀가루가 잘 섞이며 반죽이 냄비에 들러붙지 않고 동그랗게 뭉칠 때까지 계속 저어야 해. 약불로 줄이고 계속 저으면서 1분간 끓여. 반죽이 계속 냄비 벽에서 떨어지며 커다란 덩어리로 뭉칠 거야.

3 큰 그릇에 반죽을 긁어 담고, 전기 믹서로(반죽기를 쓸 경우에는 혼합기를 부착하여) 큰 덩어리가 될 때까지 중속으로 약 1분간 저어. 달걀을 1개씩 넣으며 넣을 때마다 잘 저어주고, 마지막으로 바닐라를 넣고 섞어줘.

4 테두리가 있는 오븐용 팬에 종이 타월을 깔아. 깊이가 있는 튀김 냄비나 무거운 냄비에 기름을 5cm 높이로 붓고 튀김용 온도계가 약 180℃를 가리킬 때까지 중강불로 끓여.

5 페이스트리 주머니에 직경 약 1.3cm인 별모양 깍지를 끼우고, 반죽을 숟가락으로 떠 넣어. 크고 넓은 금속 주걱을 뜨거운 기름에 담갔다 뜨거운 기름이 밖으로 흐르지 않도록 조심하며 빼줘. 반죽을 15-18cm 길이로 두 줄 짜서 2.5cm 간격으로 주걱 위에 올리고, 주걱을 뜨거운 기름에 담가 반죽이 기름 속으로 굴러들어가게 해. 반죽을 2-4줄 더 기름에 짜 넣으며, 서로 달라붙지 않게 주의해. 추로스가 부풀면서 위로 떠오를 거야. 그러면 윗면이 짙은 황금빛으로 변할 때까지 2분쯤 튀긴 다음, 부젓가락이나 거름망이나 그물망 국자를 이용해 추로스를 뒤집어서 뒷면도 진한 황금색으로 변할 때까지 약 1분 30초 더 튀겼다가, 호일을 깔아둔 팬에 건져 올려 기름을 빼. 같은 방식으로 나머지 추로스를 마저 튀기면 돼. 단, 추로스를 새로 튀길 때마다 기름의 온도를 다시 180℃로 맞추는 걸 잊지 마!

6 크고 얕은 그릇에 설탕과 시나몬을 넣고 휘젓다가, 알맞게 식은 추로스를 넣고 굴려서 시나몬 설탕 가루를 넉넉히 묻혀(시나몬 설탕이 남을 수 있지만, 그럴수록 추로스에 더 쉽게 입힐 수 있지). 추로스를 접시에 가지런히 담고, 찍어 먹을 만한 따뜻한 초콜릿 소스를 곁들여 내면 완성!

어버이날 망고 스무디 *Mother's Day Mango Smoothie*

어버이날 아침, 과일 스무디를 곁들인 식사를 차려드리면 정말 기뻐하시겠지?
스누피도 거뜬히 만들 정도로 조리법이 간단하니까 혼자서 충분히 해낼 수 있어!

재료 (3-4인분)

얼음 1컵
껍질 벗긴 바나나 2개
생망고 4컵 (큐브 형태의 냉동 망고
　녹인 것도 가능)
저지방 바닐라 요거트 ¾컵
신선한 오렌지 주스 1컵
전지우유 ¼컵

만드는 법

1 자, 믹서에 차례대로 넣자. 우선 얼음을 넣고, 바나나를 각각 4등분해서 넣고, 망고와 요거트와 오렌지주스와 우유를 넣고 부드럽게 섞일 때까지 믹서를 작동시켜.

2 유리잔 3-4개에 고르게 나누어 담으면 완성!

스무디를 더 걸쭉하게 만들고 싶다면?
냉동 망고 큐브를 사용하거나 얼음을 더 넣으면 돼. 밀크셰이크에 더 가까운 식감으로 만들려면 우유 대신 하프&하프 크림을 사용하고. 알겠지?

스파이크의 "초코에 풍덩" 와플

Spike's Chocolate-Dipped Waffles

어버이날 아침에 맛있고 따뜻한 와플과 초콜릿 소스를 차려놓고 "사랑해요"라고 말하기!

재료 (와플 4-8개분)

큰 달걀 2개

버터밀크 1½개 (필요한 경우 조금 더)

녹인 무염 버터 ½컵, 또는
　　카놀라유 ½컵

중력분 밀가루 1½컵

설탕 2큰술

베이킹파우더 2작은술

베이킹소다 1작은술

소금 ¼작은술

초콜릿 소스 (38쪽 참고)

만드는 법

1　중간 크기의 그릇에 달걀, 버터밀크, 버터를 넣고 휘휘 저어.

2　이번엔 큰 그릇에 밀가루, 설탕, 베이킹파우더, 베이킹소다, 소금을 넣고 휘휘 저어. 한 가운데를 움푹 파서 달걀 혼합물(1번)을 붓고, 덩어리가 거의 사라질 때까지 휘휘 저어. 반죽이 너무 걸쭉해 보이면 버터밀크를 1-2큰술 더 넣고 저으면 돼.

3　와플메이커를 예열하고 반죽을 떠 넣는데, 1회 분량은 ½-¾컵 정도가 적당해. 반죽이 와플메이커의 가장자리까지 잘 퍼지게 한 다음, 갈색으로 변하고 바삭바삭해질 때까지 3-4분 정도 익혀.

4　주걱을 이용하여 와플메이커에서 와플을 꺼내 바로 내거나, 오븐용 팬에 겹치지 않게 올려 약 93℃로 20분까지 보온했다가 따뜻한 초콜릿 소스와 함께 먹어도 좋아.

NEW AND IMPROVED
SNICKER SNACKS!
"The Greatest Advance in Breakfast Cereal!!"
– C. BROWN
CHARLES M. SCHULZ
NET WT. 10 OZ. (354g)

찰리 브라운의 여름철 스니커-스낵

Charlie Brown's Summertime Snicker-Snacks

여름방학 내내 즐길 수 있는 건강 간식을 찾는다면, 틀림없이 이 글래놀라 바야!

재료 (스낵 12개분)

헤이즐넛 1컵
밀기울 ½컵
시나몬 가루 1작은술
소금 ½작은술
압착 귀리 2½컵
건 크랜베리 1컵
다진 피칸 ½컵
조각조각 자른 무염 버터 ½컵
눌러 담은 황설탕 ½컵
천연원료 땅콩버터 ½컵
메이플시럽 ⅓컵
큰 달걀 2개, 흰자만 살짝 풀어서

만드는 법

1 오븐을 175℃로 예열하고, 약 23x33cm 오븐용 팬에 기름칠을 해.

2 테두리가 있는 오븐용 팬에 헤이즐넛을 펼쳐 넣고 10분간 살짝 구워. 헤이즐넛을 깨끗한 키친타월로 싸서 1분 정도 식힌 다음, 타월에 싼 채로 문질러 껍질을 벗겨(껍질이 듬성듬성 남아 있어도 괜찮아). 오븐은 계속 켜 두고.

3 구운 헤이즐넛, 밀기울, 시나몬, 소금을 푸드 프로세서에 넣고 짧게 끊어서 대략 20회쯤 작동시켜 섞어줘. 그릇에 옮겨 담고 귀리, 크랜베리, 피컨을 넣고 저어줘.

4 작은 냄비에 버터, 황설탕, 땅콩버터, 메이플시럽을 넣고 중불에서 계속 저어주며 1분 정도 뭉근히 끓인 다음, 귀리 혼합물(3번)에 고르게 붓고 잘 섞이도록 저은 뒤 5분 동안 식혀.

5 달걀 흰자까지 넣고 잘 섞은 다음, 오븐용 팬에 넣고 실리콘 주걱으로 다지듯이 눌러주고, 가장자리가 노릇노릇해지고 만졌을 때 끈적이지 않을 때까지 20-25분 정도 구워 팬째로 놓고 12개의 바 형태로 자른 다음 최소 1시간 이상 식혀줘.

6 바를 한 개씩 랩으로 싸서 밀폐 용기에 넣으면, 상온에서 10일까지 보관이 가능해.

스파이크의 어버이날 마시멜로

Spike's Father's Day Marshmallows

한 번 마시멜로를 만들어 먹어보면, 다른 마시멜로는 맛이 없어서 못 먹지!

재료(약 23×28cm 팬에 마시멜로 약 30개분)

슈거파우더 ½컵

옥수수 전분 ¼컵

물 1컵

무향 젤라틴 파우더 1½큰술

소금 ¼작은술

타르타르 크림 ¼작은술

과립 설탕 1¼컵

투명한 옥수수 시럽 1큰술

퓨어 바닐라 추출물 1작은술

만드는 법

1 그릇에 슈거파우더와 옥수수 전분을 체 쳐 담아. 약 23×28cm 오븐용 팬에 알루미늄 호일을 깔고 호일에 살짝 기름칠을 해. 전분 혼합물의 ¼을 다시 팬에 체 쳐 넣고, 팬을 기울여 바닥과 옆면을 덮게 해. 가루가 남으면 바닥에 고르게 체 쳐 넣고.

2 반죽기 그릇에 물 ½컵과 젤라틴을 넣고 천천히 젓다가, 부드러워지도록 5분간 기다려. 소금과 타르타르 크림을 넣고 휘젓다가, 푹신한 질감이 날 때까지 반죽기를 2-3분 빠른 속도로 작동시켜.

3 냄비에 남은 물 ½컵을 붓고, 과립 설탕과 옥수수 시럽을 넣고 저어. 중강불로 끓이다가, 혼합물이 옅은 황갈색이 될 때까지 젓지 말고 익혀(사탕 온도계로 약 120℃까지).

4 반죽기를 중속으로 두고, 뜨거운 설탕 시럽을, 반죽날과 그릇 옆면 사이에 조심스럽게 흘려 넣어 젤라틴 혼합물과 섞어. 반죽기를 강속으로 바꾸고 혼합물이 걸쭉한 흰색이 될 때까지 약 5분간 휘저어. 마지막으로 바닐라를 넣고 섞은 다음, 약 20분간 식혀.

5 팬에 혼합물을 붓고, 오프셋 주걱을 찬물에 담갔다가 꺼내서 표면을 매끄럽게 펴줘. 1시간쯤 놔두면 표면이 껍질처럼 굳기 시작해. 슈거파우더와 전분 혼합물의 ¼을 살살 뿌려주고 하룻밤 동안 서늘한 상온에 둬.

6 테두리가 있는 오븐용 팬에 유산지를 깔고 남은 전분 혼합물 가루를 뿌려. 칼을 남은 전분 혼합물에 집어넣었다가 빼서 굳은 마시멜로를 4-5cm 크기의 정사각형 모양으로 자르고, 자른 마시멜로는 팬에 올리고 전분 혼합물을 뿌려. 단단히 밀폐하여 상온에 두면 2주 동안 보관할 수 있어.

아빠께.
어버이날을 맞아 아빠를 생각하며

어제는 새로운 요리를 개발했어요.

나는 그 요리에 "선인장 위의 구운 마시멜로"라는
이름을 붙였어요.

잘 되지는
않았지만요…

핫도그로도 이 요리를 해볼 수 잇을지 궁금해요.

아무튼 행복한 어버이날이 되시길 바라요.
사랑하는 아들, 스파이크 올림.

추신: 핫도그 좀 보내주세요.

찰리 브라운의 생일 (안)축하 케이크

Charlie Brown's (Un)Happy Birthday Cake

이 케이크를 맛보고 싶어서, 모든 친구들이 앞다퉈 생일파티에 참석할 거야!

재료 (10–12인분)

중력분 밀가루 2컵
   (뿌리는 용도로 조금 더)
베이킹파우더 1큰술
소금 ¼작은술
상온에 둔 무염 버터 ¾컵
설탕 1¾컵
퓨어 바닐라 추출물 2작은술
상온에 둔 큰 달걀 3개
상온에 둔 전지우유 1⅓컵
바닐라 프로스팅 (119쪽 참고)
레이보우 스프링클 4봉 (약 340g)

만드는 법

1 오븐을 175℃로 예열하고, 20cm 혹은 23cm 크기의 둥근 케이크 팬을 2개 준비하여, 기름칠을 한 뒤 밀가루를 뿌리고 밀가루가 뭉친 부분은 두드려줘. 그릇에 밀가루, 베이킹파우더, 소금을 넣고 뒤섞어.

2 큰 그릇에 버터와 설탕, 바닐라를 넣고 블렌더나 혼합기를 장착한 반죽기를 중속으로 돌려서 크림 같은 질감이 될 때까지 약 3분간 뒤섞어. 달걀을 1개씩 넣으며, 넣을 때마다 잘 섞어. 블렌더를 끄고 그릇의 옆면에 묻은 내용물을 실리콘 주걱으로 훑어 모아줘. 블렌더를 저속으로 작동시키고, 밀가루 혼합물(1번)과 우유를 번갈아 넣으며 섞는데, 처음과 끝은 밀가루 혼합물이어야 해. 실리콘 주걱으로 그릇을 깨끗하게 훑어줘.

3 반죽을 팬에 고르게 나눠 담고, 30-35분간 구워. 색이 노릇노릇해지고 가운데를 이쑤시개로 찔렀을 때 아무것도 묻어나오지 않으면, 철망에 옮겨 팬째로 20분 동안 식혀. 케이크 시트를 접시 위에 뒤집어 담고 팬을 뺀 뒤, 다시 받침대 위에 뒤집어서 제방향으로 만든 다음, 완전히 식혀.

4 첫 번째 시트를 바닥이 밑으로 가도록 접시에 담고, 프로스팅의 ⅓을 가운데에 올리고 아이싱 주걱으로 고르게 펴 발라. 그 위에 두 번째 시트를 윗면이 밑으로 가도록 해서 올려. 오프셋 주걱으로 프로스팅을 케이크의 윗면과 옆면에 매끄럽게 펴 발라줘. 스프링클을 그릇에 붓고, 손으로 떠서 케이크의 옆면에 뿌리고 살짝 눌러 고정시켜. 케이크 윗면은 스프링클로 완전히 뒤덮이도록 뿌려주고.

뭘 걱정해본 적이 있니?
늘 해.

너는 오늘날 우리가 걱정해야 할 세상에서 가장 큰 문제가 뭐라고 생각해?

초콜릿 선데지.

높은 잔에 아이스크림을 가득 담아주잖아? 그런 다음 그 위에 초콜릿 소스를 붓는단 말이야…

숟가락으로 아이스크림을 뜨려고 하는 순간, 초콜릿이 옆으로 흘러 넘쳐…

그게 바로 우리가 걱정해야 하는 세상에서 제일 큰 문제야.

우리가 생각보다 상태가 좋다는 걸 방금 깨달았어!

물어볼 게 있어…
나 TV 보는 중이야!

내가 심술궂다고 생각해?
당연하지! 누나는 아마 세상에서 제일 심술궂은 사람일 거야!

세상에는 기분이 좋았다가도 다음 날이면 나빠지는 사람들도 있어… 넌 그 사람들을 어떻게 대해야 하는지 전혀 몰라… 내가 그렇게 행동하는 걸 바라는 건 아니지?

그리고 항상 즐거울 수 있는 사람이 어디 있어? 아무도 늘 즐거울 수는 없어… 나한테 뭘 바라는 거야?

누나한테 뭐 바란 적 없는데.

좋아. 그럼 이건 어때? 1년 가운데 200일은 기분 좋은 날, 100일은 "정말로 기분 좋은" 날, 60일은 심술궂은 날, 5일은 "정말 기분 나쁜" 날로 정하는 건? 그럼 나도 받아들일 수 있을 것 같아…

넌 아무 도움이 안 돼!

오늘은 "정말 기분 나쁜" 날이라고 해도 돼?
그럼… 상관없어.

탁!!

정말 근사해… "정말 기분 나쁜" 날이 아직 4일이나 남았어. 게다가 60일이나 되는 심술궂은 날은 아직 하루도 안 썼어..

루시의 복숭아 겨파-이 Lucy's Peach Clobber

여름 방학 나들이에는 이 달콤한 복숭아 맛 코블러(cobbler)가 안성맞춤!
덥다고 징징대는 일행들을 단숨에 제압해줄 테니까.

재료 (8인분)

무염 버터 6큰술 (오븐용 접시에 쓸
  용도로 조금 더)
복숭아 5파운드 (약 2kg)
눌러 담은 황설탕 ½컵
옥수수전분 2큰술
하프&하프 크림 ¾컵
큰 달걀 1개
퓨어 바닐라 추출물 1작은술
중력분 밀가루 2컵
과립 설탕 ¼컵
  (뿌리는 용도로 조금 더)
베이킹파우더 1큰술
고운 바다소금 ½작은술
바닐라 아이스크림 (곁들이 용도)

* '코블러'는 밀가루 반죽을 두껍게 씌운
과일 파이야.

만드는 법

1 오븐을 190℃로 예열하고, 약 23x33cm 크기의 오븐용 접시에 가볍게 버터를 칠해. 얼음물도 한 그릇 준비하고.

2 큰 냄비에 물을 넣고 센 불에서 끓인 다음, 한 번에 몇 개씩 복숭아를 담가 1분 정도 껍질이 들뜰 때까지만 데우고, 거름망 스푼으로 얼음물이 담긴 그릇으로 옮겨. 껍질을 벗기고 씨를 빼낸 다음 얇게 썰면 돼. 12컵 정도의 분량이 적당해.

3 그릇에 복숭아와 황설탕와 옥수수 전분을 넣고 뒤적여서, 오븐용 접시에 펼쳐 담고, 오븐용 팬에 올려 15분 동안 구워.

4 그 사이에 그릇에 하프&하프 크림, 달걀, 바닐라를 넣고 잘 섞어. 다른 그릇에 밀가루, 과립 설탕 ¼컵, 베이킹파우더, 소금을 체 쳐 담고, 버터를 숟가락으로 잘라서 위에 뿌리고, 페이스트리 블렌더나 칼 2개를 사용해서 버터를 베듯이 밀가루와 섞어 혼합물이 완두콩 크기의 거친 부스러기 형태가 되도록 만들어. 여기에 하프&하프 크림 혼합물을 넣고 반죽이 잘 섞일 정도로만 저어줘.

5 구워진 속을 오븐에서 꺼내고, 반죽을 숟가락으로 수북이 떠서 일정한 간격을 두고 속 위에 8번 떨어뜨린 다음, 다시 오븐에 넣어. 복숭아 주스에 기포가 올라오고 밀가루 토핑이 노릇노릇 익어서 가운데 이쑤시개를 찔렀을 때 아무것도 묻어나지 않을 때까지, 약 30-40분 정도 더 구워.

6 철망으로 옮겨 최소 30분 동안 식히고, 아직 따뜻할 때 아이스크림을 얹어 내면 끝.

유도라의 귀여운 스모라스 *Eudora's Adorable S'moras*

완벽한 막대기를 찾아 모닥불 앞으로 가서 마시멜로를 굽자.
스모어(s'mores cookie)를 만드는 것이야말로 여름방학의 오랜 전통이잖아!

재료 (8인분)

그레이엄 크래커 8개
　(정사각형 모양으로 쪼갠 것)
밀크초코 바1개(약 125g,
　8조각으로 자른 것)
마시멜로 8개, 혹은 큰 수제 마시멜로
　(44쪽 참고)

*'스모어 쿠키'는, 두 크래커 사이에 살짝 구운 마시멜로와 초콜릿을 넣어서 만든 음식으로 캠핑할 때 자주 먹는 간식이야.

만드는 법

1 그레이엄 크래커 조각 1개를 같은 크기의 초콜릿 조각으로 덮어. 다음은 마시멜로 하나를 꼬챙이에 꽂아 짙은 황갈색이 될 때까지 불에 직접 굽지. 이 뜨거운 마시멜로를 초콜릿 위에 올리고, 그 위에 그레이엄 크래커 조각을 얹어 꾹 눌러 마시멜로를 으깨면 완성.

주의: 오븐 그릴로 스모어를 만들 수도 있어. 오븐용 팬에 정사각형의 그레이엄 크래커를 8개 놓고, 각 크래커 위에 마시멜로를 얹어서, 타지 않도록 관찰하면서 5-10분 동안 구운 다음, 초콜릿 조각과 그레이엄 크래커의 나머지 반을 위에 올려 접시에 담으면 돼.

가을과 겨울의 간식
Autumn & Winter Treats

바삭바삭 몬스터 과자 *Monster Crispies*

으흐흐, 으스스한 몬스터 동물원 어때?
눈알까지 먹을 수 있는, 두렵고도 달콤한 몬스터 과자들로 가득한 접시를 상상해봐!

재료 (약 10개 분량)

무염 버터 5큰술
마시멜로 1파운드 (약 450g,
　　44쪽을 보고 직접 만들어도 좋고)
퓨어 바닐라 추출물 ½작은술
바삭바삭한 쌀 시리얼 6컵
캔디 멜츠 1½컵 (3가지 색깔로
　　각각 ½컵씩)
카놀라유 3작은술
눈알 모양 사탕, 또는
　　미니 M&M's 사탕 2큰술

만드는 법

1 받침대를 오븐 위에서 세 번째 칸에 넣고 190℃로 예열해. 약 20cm 크기의 정사각형 오븐용 접시에 기름칠을 하고, 유산지를 깐 뒤 한 번 더 기름칠을 해. 테두리가 있는 오븐용 팬에도 유산지를 깔아두고.

2 큰 냄비에 버터를 넣고 중간 불로 녹이고. 마시멜로를 넣어서 2분 정도 젓다가, 불을 끈 뒤 바닐라를 넣고 젓고, 쌀 시리얼까지 넣어서 잘 버무려. 오븐용 접시에 붓고 약 1.3cm 두께로 펼치며 단단해지도록 살짝 눌러주고, 약 15분 정도 굳혀.

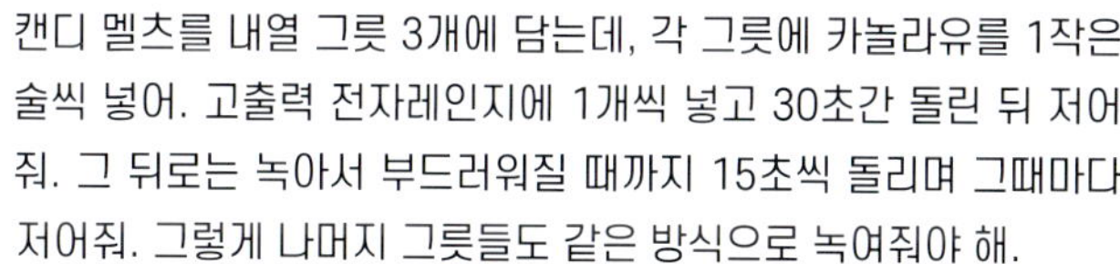

3 캔디 멜츠를 내열 그릇 3개에 담는데, 각 그릇에 카놀라유를 1작은술씩 넣어. 고출력 전자레인지에 1개씩 넣고 30초간 돌린 뒤 저어줘. 그 뒤로는 녹아서 부드러워질 때까지 15초씩 돌리며 그때마다 저어줘. 그렇게 나머지 그릇들도 같은 방식으로 녹여줘야 해.

4 쌀 시리얼 혼합물(2번)을 직사각형의 막대 모양으로 자르고, 각 막대의 짧은 면을 녹인 캔디 멜츠 중 한 가지 색깔에 2.5cm 정도 담가서 꺼낸 다음, 눈알 모양 사탕 몇 개를 코팅 옷에 눌러서 붙이고, 오븐용 팬에 시리얼 막대를 올려서 약 15분 정도 굳혀. 밀폐 용기에 넣으면 상온에서 2일까지 보관할 수 있어.

과자를 안 주면 장난칠 거예요...

껌을 한 개 더 주실 수 있으세요? 멍청한 동생이 호박밭에 앉아 있거든요.

과자를 안 주면 장난칠 거예요...

캔디바 하나 더 받을 수 있을까요? 얼간이 같은 동생이 호박밭에 앉아서 "호박 대왕"을 기다리는 중이라 같이 못 왔거든요.

고맙습니다!

과자를 안 주면 장난칠 거예요...

죄송하지만 사과 한 개만 더 주세요. 돌대가리 동생은 오늘 호박밭에 앉아서... 뭘 좀 기다리는 거 같아요...

뭘 기다리냐고요? "호박 대왕"이 나타나길 기다리고 있어요...맞아요... 사과 한 개만 더 주실래요? 고맙습니다...

으, 라이너스!

과자를 안 주면 장난칠 거예요...

컵케이크 한 개만 더 주시면 안 될까요? 얼빠진 동생이 같이 못 와서요...

그 애는 올 수가 없었어요... 지금 호박밭에 앉아 있거든요. 그리고... 어...그 애는...동생은... 음, 걔는...

아, 아니에요!

이 골칫덩어리야!

마녀 모자 쿠키 *Witch Hat Cookies*

초콜릿 쿠키 위에 키세스 초콜릿이라니, 이토록 사랑스러운 마녀 모자 봤어?
이토록 뾰족하고 달콤한 마녀 모자를 본 적이 있느냐고!

재료 (쿠키 약 30개분)

중력분 밀가루 2¼컵
  (뿌리는 용도로 조금 더)
무가당 코코아 파우더 ⅓컵
베이킹파우더 ½작은술
베이킹소다 ½작은술
소금 ¼작은술
상온에 둔 무염 버터 ¾컵
눌러 담은 황설탕 1컵
과립 설탕 ¼컵
큰 달걀 1개
퓨어 바닐라 추출물 1작은술
바닐라 프로스팅 1컵 (119쪽 참고)
식용 색소 오렌지색 2-3방울
키세스 초콜릿 30개

만드는 법

1 중간 크기의 그릇에 밀가루, 코코아 파우더, 베이킹파우더, 베이킹소다, 소금을 넣고 휘저어. 큰 그릇에는 버터, 황설탕, 과립 설탕을 넣고, 가볍고 폭신한 질감이 될 때까지 전기 믹서를 중고속으로 작동시켜 2-3분간 휘젓다가, 달걀과 바닐라를 넣고 저속으로 저어서 완전히 섞고, 여기에 밀가루 혼합물을 솔솔 뿌려 넣으며 저속으로 잘 섞어줘. 필요한 경우 그릇 옆면을 깨끗하게 훑어내고.

2 반죽을 직사각형으로 누른 뒤 랩으로 빈틈없이 싸서, 최소 1시간에서 하룻밤까지 냉장고에 넣어 굳혀.

3 오븐을 약 175℃로 예열하고, 오븐용 팬 2개에 유산지를 깔아. 반죽을 밀가루를 뿌린 작업대 위에 놓고 약 0.3cm 두께로 밀고, 5-8cm 크기의 둥근 쿠키 커터로 최대한 많은 쿠키를 찍어낸 뒤, 오븐용 팬에 2.5cm 간격으로 올려. 남은 반죽 조각들은 모아서 다시 밀대로 민 뒤 쿠키 모양을 더 찍어내.

4 쿠키를 만졌을 때 단단해질 때까지 12-15분 정도 굽고, 팬을 철망에 두고 5분 정도 식힌 뒤, 쿠키를 받침대로 옮겨 완전히 식혀.

5 작은 그릇에 프로스팅과 식용 색소를 잘 섞어서, 0.6cm 정도 구경의 일반 깍지를 끼운 짤주머니에 프로스팅을 떠 넣고, 각 쿠키의 ¼ 크기만큼 프로스팅을 짜 넣은 다음, 키세스 초콜릿을 올리면 마녀 모자 완성!

호박 스파이스 바 *Pumpkin Spice Bars*

달디단 황금빛 호박이 나는 가을이야!
내 말은, 시나몬과 생강을 가득 넣고 달콤한 호박 바를 만들 계절이 왔다고.

재료 (호박 바 48개분)

중력분 밀가루 1½컵
눌러 담은 황설탕 1컵
과립 설탕 ½컵
베이킹파우더 2작은술
베이킹소다 ¼작은술
곱게 다진 설탕 절임 생강 2작은술,
　　또는 생강 가루 ½작은술
시나몬 가루 1작은술
소금 ¼작은술
큰 달걀 2개
호박 퓨레 통조림 1컵
건포도 ¾컵
식물성 기름 ½컵
화이트초콜릿 85g (다진 것)
고형 식물성 쇼트닝 1작은술

만드는 법

1 큰 믹싱볼에 밀가루, 황설탕, 과립 설탕, 베이킹파우더, 베이킹소다, 생강 가루, 시나몬 가루, 소금을 넣고 섞어.

2 다른 믹싱볼에 달걀을 넣고 살짝 휘젓다가, 호박과 건포도와 기름을 넣고 저어. 여기에 밀가루 혼합물(1번)을 넣고 섞어서 반죽 완성.

3 반죽을 약 25x38cm 오븐용 팬에 펼쳐 넣고, 가운데를 이쑤시개로 찔러서 아무것도 묻어나오지 않을 때까지, 약 15-20분 정도 구워서, 팬째로 받침대 위에 놓고 식혀.

4 이번엔 토핑 만들기. 화이트초콜릿과 쇼트닝을 작은 지퍼백에 넣어 섞고, 공기를 빼내며 지퍼백을 밀봉한 다음, 내용물이 녹을 때까지 따뜻한 물이 담긴 그릇에 넣어둬. 지퍼백 한쪽 귀퉁이의 약 0.6cm 위쪽을 잘라서, 내용물을 짜서 호박 바에 가위 모양을 그려. 토핑이 완전히 굳기 전에 호박 바를 4x5cm의 막대 모양으로 자르면 끝. 밀폐 용기에 담아 냉장고에 두면 3일까지 보관해도 돼.

PEANUTS
HALLOWEEN
TRICK OR TREAT
TRICK OR TREAT
TRICK OR TREAT

가자…

왁!

와악-!

왁!

에휴…
에휴…
에휴…

왁!
!
!
SCHULZ

왁-닐라 유령 밀크셰이크 *Boo-nilla Ghost Milkshakes*

새하얀 밀크셰이크 속에, 깜짝 놀라서 까맣게 질린 초코 유령이 들어 있어!

재료 (2잔 분량)

바닐라 아이스크림 1½컵
전지우유 ¾컵
초콜릿 소스 2큰술
휘핑크림 (취향에 따라 곁들이로)
마라스키노 체리 2개
   (취향에 따라 곁들이로)

만드는 법

1 450g 유리잔 2개를 약 5분 동안 냉장고에 넣어 차갑게 식혀.

2 믹서에 아이스크림과 우유를 넣고 덩이가 남지 않도록 섞어.

3 유리잔을 냉장고에서 꺼내. 손끝에 초콜릿 소스를 묻혀, 차가운 유리잔 안쪽에 유령 얼굴(동그란 눈 2개와 길쭉한 입)을 그려줘.

4 밀크셰이크를 유리잔 2개에 나누어 부어. 원한다면 휘핑크림과 마라스키노 체리로 마음껏 장식한 뒤 내면 완성.

루시의 달달한 토피 *Lucy's Tasty Toffee*

캄캄한 밤, 악동 유령들이 온갖 장난을 다 걸어와도
이 달달한 호두 오렌지 토피만큼은 꼭 지켜내고 싶을걸!

재료 (사탕 약 680g 분량)

무염 버터 1¼컵
과립 설탕 1컵
눌러 담은 황설탕 ¼컵
물 ¼컵
2차 당밀 (블랙스트랩 아님) 1큰술
호두 적당히 다진 것 1컵과
    좀 더 잘게 다진 것 ½컵
강판에 간 오렌지 껍질 1큰술
세미스위트 초콜릿 약 170g
    (잘게 다진 것)

*사탕수수에서 설탕을 정제할 때 총 3번의 증류 과정을 거치는데, 첫 번째 증류 후 남은 액체가 가장 밝은 색에 당도도 좋은 1차 당밀이고, 두 번째 증류 후 나오는 것이 조금 더 어두운 색깔의 2차 당밀, 마지막 세 번째 증류 후 남는 액체가 블랙스트랩(blackstrap) 당밀이야.

만드는 법

1 테두리가 있는 작은 오븐용 팬에 기름칠을 해둬. 작고 무거운 냄비에 버터를 넣고 약불로 녹이다가, 설탕과 물과 흑당을 더해서 5분 정도 휘저은 다음, 중불로 올리고 냄비에 사탕 온도계를 걸고 약 140℃가 될 때까지 쉬지 말고 계속 천천히 저으면서 15분 정도 끓여.

2 불을 끄고, 적당히 조각 낸 호두와 오렌지 껍질을 넣고 저어서, 오븐용 팬에 다 부어(이때 냄비 바닥에 남은 잔여물은 긁어내지 마). 1분쯤 놔두고 살짝 굳히고, 초콜릿을 위에 고르게 뿌리고 녹을 때까지 1분쯤 기다렸다가, 금속 숟가락의 뒷부분으로 초콜릿을 토피 전체에 잘 펴 발라준 다음, 잘게 다진 호두를 팍팍 뿌려. 뚜껑을 덮지 않은 채로 냉장고에 넣고, 사탕이 굳을 때까지 약 2시간 기다려.

3 토피를 5cm 크기로 조각내면 완성. 밀폐 용기에 담아 냉장고에 넣으면 3주까지 보관할 수 있어.

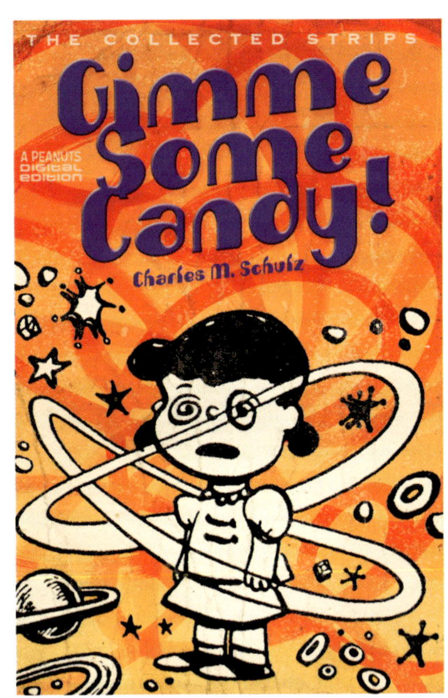

호박 대왕 치즈케이크 The Great Pumpkin Cheesecake

위대한 호박 대왕님이 호박밭에 왕림하시려면,
최소한 크림이 듬뿍 든 진짜 치즈케이크는 준비해야지!

재료 (12인분)

크러스트
생강 쿠키 부스러기 2컵
눌러 담은 황설탕 ¼컵
무염 버터 5큰술 (녹여서 차게 식힌 것)

치즈케이크 속
상온의 크림치즈 900g
눌러 담은 황설탕 1⅓컵
호박 퓨레 통조림 1⅓컵
퓨어 바닐라 추출물 1큰술
시나몬 가루 1½작은술
올스파이스 가루 ¼작은술
상온에 둔 큰 달걀 5개

토핑
헤이즐넛 1컵
눌러 담은 황설탕
무염 버터 ¼컵
헤비 크림 ¼컵

만드는 법

1 오븐을 175℃로 예열해.

2 먼저 크러스트 만들기. 금속 날을 끼운 푸드 프로세서에 생강 쿠키 부스러기와 황설탕을 넣고 섞다가, 녹인 버터를 넣고 부스러기가 서로 뭉치도록 섞고, 약 23cm 스프링폼 팬에 넣고 바닥에 단단하게 다져. 이때 스프링폼 팬의 옆면으로는 5cm쯤 올라오면 돼. 알루미늄 호일로 팬 전체를 감싸고, 크러스트가 굳을 때까지 10분 정도 굽고, 오븐에서 꺼내 식혀. 오븐은 켠 채로 그대로 두고.

3 이번엔 속 만들기. 큰 그릇에 크림치즈와 황설탕을 넣고, 전기 믹서를 중속으로 돌려서 잘 섞다가, 호박과 바닐라와 시나몬과 올스파이스를 넣고 섞어. 달걀을 1개씩 넣고, 넣을 때마다 잘 혼합되도록 저속으로 섞어주고, 속을 식힌 크러스트에 넣어서 팬 가장자리까지 펴줘.

호박 대왕님 행차를 위해
조금만 더 힘을 내자…

4 치즈케이크가 부풀어 오르고 가운데 부분이 거의 다 굳도록 90분쯤 구웠다가, 받침대로 옮겨 1시간 동안 식혀. 오븐은 켜 두고.

5 치즈케이크를 식히는 동안 토핑을 만들자. 테두리가 있는 오븐용 팬에 헤이즐넛을 펼쳐 넣고 10분간 살짝 굽고, 깨끗한 키친타월로 싸서 1분쯤 식힌 다음, 타월째로 문질러 들뜬 껍질을 벗겨내(조금씩 남아 있는 껍질은 그대로 둬도 괜찮아).

6 작고 무거운 냄비에 황설탕, 버터, 크림을 넣고 설탕이 녹을 때까지 저으면서 중간 불로 끓여. 불을 세게 올려 팔팔 끓으면, 헤이즐넛을 넣고 얇게 코팅될 때까지 가끔씩 저어주면서 약 2분 동안 더 팔팔 끓여. 토핑을 숟가락으로 떠서 식은 케이크 위에 고르게 올린 뒤 식혀. 알루미늄 호일로 덮어 냉장고에 넣어놓고, 하룻밤 뒤에 먹을 수 있는데, 4일까지는 보관해도 돼.

7 먹기 전에 칼을 팬의 옆면으로 넣어 한 바퀴 돌려주면 케이크를 쉽게 떼어낼 수 있지. 호일을 걷고 스프링폼 팬의 옆면을 떼어내. 치즈케이크를 접시에 담아 먹기 좋게 자르면 완성.

격추왕의 루트비어 플로트 *Flying Ace Root Beer Float*

루트비어만으로는 부족하지만, 아이스크림을 띄운 플로트라면 완벽하지!

재료 (2인분)

차가운 루트비어 2캔 (각각 340g)
바닐라 아이스크림 4스쿱
휘핑크림 (곁들이용)

만드는 법

1 루트비어를 맥주잔 2잔에 각각 ¾만큼 채워.

2 각 잔에 아이스크림 2스쿱씩 살짝 띄워.

3 그 위에 휘핑크림을 얹으면 완성.

샬럿의 애플 샬럿 *Apple Charlotte Braun*

샬럿 브론이 만든 샬럿 한번 맛볼래?
샬럿은 과일 속을 바삭한 빵 껍질로 감싸 틀로 찍은 디저트야.

재료 (8–10인분)

무염 버터 1¼컵
골든 딜리셔스 애플 약 2.7kg
　(껍질을 깎고 씨앗을 뺀 뒤
　얇게 썰어서)
과립 설탕 1½컵
퓨어 바닐라 추출물 3작은술
가정식 흰 식빵 슬라이스 1덩이
슈거파우더 (뿌리는 용도)
휘핑크림 (뿌리는 용도)

*'골든 딜리셔스 애플'은 미국 품종의 황금색
사과인데, 다른 품종보다에 비해 갈변이 되지
않기 때문에 샐러드에 자주 사용해.

만드는 법

1 정제버터 1컵을 만들어서 식혀둬. (121쪽 참고)

2 소테 팬에 나머지 버터 ¼컵을 넣고 중간 불로 녹여. 사과와 과립 설탕과 바닐라를 넣고, 자주 저어주며 사과가 익어서 투명해지고 즙이 남지 않을 때까지 20-25분쯤 끓여. 이때 사과가 타지 않게 주의해야 해.

3 오븐을 약 220℃로 예열해.

4 5cm 크기의 원형 커터로 슬라이스 빵에서 둥근 모양 10조각을 찍어내서, 정제버터에 담갔다가 표준 8구 샬롯 몰드나 1½쿼트 수플레 접시에 겹치게 놓자. 슬라이스 빵 9개의 껍질을 제거하고 세로로 반을 자른 다음, 각 빵 조각들을 버터에 담갔다가 조금씩 겹치도록 몰드 안에 수직으로 돌려 세운 다음(빵이 몰드 위로 살짝 올라와 있어야 해), 사과 슬라이스를 빵 안쪽에 숟가락으로 떠 넣어. 껍질을 제거한 빵을 크기에 맞게 잘라 정제버터에 담갔다가 사과 겉면을 덮어.

5 노릇노릇해질 때까지 30-35분간 굽고, 15분 정도 식히고, 접시에 뒤집어서 몰드를 제거한 다음, 망이 고운 체를 받치고 슈거파우더를 살짝 뿌려. 이제 잘라서 휘핑크림과 함께 내면 완성.

다
됐어요!

픽펜의 피칸 파이 *Pigpen's Pecan Pie*

추수감사절 만찬에 빠질 수 없는 피칸 파이!
엉망으로 만들어도 늘 맛있어서, 가족과 친구들도 아주 좋아하지.

재료 (6-8인분)

뿌리기용 밀가루
싱글 크러스트 파이 반죽
   (120쪽 참고, 냉동)
큰 달걀 3개
설탕 ½컵
흑색 옥수수 시럽 1컵
퓨어 바닐라 추출물 1작은술
녹인 무염 버터 ¼컵
피칸 조각, 적당히 다진 것 1½컵
휘핑크림 (곁들이 용도)

만드는 법

1 밀가루를 살짝 뿌린 작업대에 반죽을 지름 약 30cm, 두께 약 0.3cm로 밀어서 펴. 약 23cm 파이 팬에 동그랗게 반죽을 깔고, 팬 밖으로 1.9-2cm 정도 남겨두고 반죽의 가장자리를 다듬어. 밖으로 나온 반죽 부분을 밑으로 접고 접힌 부분을 꼬집어 테두리 모양을 만들지. 그대로 냉장고나 냉동실에 약 30분 정도 넣어서 굳혀.

2 오븐을 200℃로 예열해.

3 파이 빵 부분에 알루미늄 호일을 깔고 파이 누름돌이나 말린콩을 채워. 크러스트가 마르기 시작하는 것처럼 보일 때까지 약 15분간 구운 다음, 호일과 누름돌을 제거하고 크러스트가 살짝 노릇해질 때까지 5분 더 구웠다가, 완전히 식혀.

4 큰 그릇에 달걀, 설탕, 옥수수 시럽, 바닐라를 넣고 잘 휘저은 다음, 녹인 버터를 넣고 휘휘 젓고, 피칸까지 넣어서 다시 저어서, 속을 미리 구운 크러스트에 채워 넣어.

5 팬을 살살 흔들었을 때 속이 아직 살짝 흔들릴 정도로만 굳을 때까지 45-50분 정도 구웠다가, 철망 위에 꺼내 놓고 식혀. 휘핑크림을 얹어 따뜻하게 내거나 상온에 두고 식혀서 먹어도 좋아.

그렇게 기분 상한
표정 짓지 말라고!
안 돼!
절대로 안 돼!
왜 다른 개들처럼 밥을
먹지 않아?
넌 너를 뭐라고
생각하는 거니?
아, 알았어!
항복이야!
난 너무 우유부단해
넌더리가 날 지경이야!
저녁 식사!
난 항상 뷔페식으로 먹고
싶었어… 으음! 전부 다 아주
좋아 보여… 이것도 조금 먹고
저것도 조금… 이거 조금
그리고…
못
참겠어!
SCHULZ

스누피의 개밥그릇 애플 파이 *Snoopy's Dog-Dish Apple Pie*

애플 파이가 없다면 추수감사절이 무슨 의미가 있겠어?
새콤한 구운 사과가 버터 향 가득한 더블 크러스트 안에 한가득 들었잖아!

재료 (6-8인분)

크고 새콤하고 단단한 사과 7개
　(껍질을 깎고 씨를 빼고
　약 1.3cm 두께로 썬 것)
더블 크러스트 파이 반죽
　(121쪽 참고)
밀가루 (뿌리기용)
설탕 ½컵
시나몬가루 ½작은술
소금 ⅛작은술
옥수수 전분 1큰술
차가운 무염 버터 2큰술
　(작은 조각으로 썰어두기)
곁들이용 바닐라 아이스크림
　(취향대로)

만드는 법

1 받침대를 오븐 낮은 칸에 넣고 175℃로 예열해.

2 반죽을 밀가루를 살짝 뿌린 작업대에 놓고 반으로 자른 다음, 각각의 반죽을 지름 30cm에 두께 0.3cm 정도로 밀어서 펴. 반죽 1개를 23cm 파이 팬에 까는데, 팬 밖으로 약 1.9-2cm를 남겨두고 가장자리를 다듬지. 나머지 반죽은 쓸 때까지 시원한 곳에 보관해둬.

3 큰 그릇에 설탕, 시나몬가루, 소금, 옥수수 전분을 섞어. 사과 슬라이스를 넣고 뒤적여 설탕 섞은 것을 잘 입혀서, 반죽을 깐 팬에 넣고, 버터를 솔솔 흩뿌려줘.

4 시원한 곳에 남겨놨던 둥근 반죽을 속을 채운 파이 위에 놓고, 가장자리를 2.5cm 남기고 정리해. 남긴 부분을 반죽 바닥 쪽으로 접고 주름을 잡아서 완전히 봉합한 나눔, 삭는 칼로 윗부분에 5-6개의 칼자국을 내줘.

5 껍질이 노릇노릇해지고 사과가 부드러워질 때까지 60-70분을 굽고, 팬째로 철망에 올려 45분쯤 식혀서, 살짝 따뜻하다 싶은 상태가 되면 취향에 따라 아이스크림을 얹어서 대접해봐.

라이너스의 마시멜로 핫초코 *Linus's Marshmallow Hot Chocolate*

아, 화이트 크리스마스에 마시멜로를 얹은 달콤한 핫초코 한 잔…
말썽쟁이 남동생이 타준다면 왠지 더 맛있겠지.

재료 (4인분)

무가당 코코아 파우더 ⅓컵
설탕 ¼컵
소금 한 꼬집
우유 3컵
퓨어 바닐라 추출물 ½작은술
큰 마시멜로 9개
　(혹은 44쪽 참고해서 만들기)

만드는 법

1 냄비에 코코아, 설탕, 소금을 넣고 나무 숟가락으로 잘 섞다가, 우유를 조금 부어 부드러운 반죽처럼 만든 다음, 남은 우유를 다 붓고 저어줘.

2 중간 불에서 계속 저으면서, 냄비 가장자리에 작은 기포가 생길 때까지 약 8분간 끓여. 팔팔 끓지는 않아야 해.

3 약한 불로 줄이고, 바닐라와 마시멜로 5개를 넣어서, 마시멜로가 녹을 때까지 5분 정도 계속 저으면서 끓여.

4 핫초코를 머그잔 4개에 떠 담고, 마시멜로를 1개씩 퐁당 넣으면 완성!

착한 동생답게 핫초코를 타주지 않겠니?

왜 이렇게 오래 걸렸어?

숯불을 피워서 굽느라고!

페퍼민트 패티펔스 *Peppermint Pattypucks*

'민트초코'파라면, 민트 향이 나고 초콜릿을 입힌 이 웨이퍼에 열광할 거야.
크리스마스 파티에나 하키 연습 때 먹기에 아주 완벽한 맛이거든!

재료 (쿠키 약 40개분)

쿠키

중력분 밀가루 1¼컵
  (필요에 따라 조금 더)
설탕 ¾컵
무가당 더치 프로세스 코코아
  파우더 ¾컵
베이킹소다 1작은술
베이킹파우더 ¼작은술
소금 ½작은술
상온의 무염 버터 ¾컵
큰 달걀 1개
퓨어 바닐라 추출물 1작은술
페퍼민트 추출물 ½작은술
헤비 크림 1큰술

글레이즈

세미스위트 또는 비터스위트 초콜릿
  약 570g (곱게 조각낸 것)
카놀라유 ½작은술
페퍼민트 추출물 ½작은술

만드는 법

1 먼저 쿠키를 만들자. 중간 크기의 그릇에 밀가루, 설탕, 코코아 파우더, 베이킹소다, 베이킹파우더, 소금을 담아서 섞어. 큰 그릇에 버터를 넣고 가볍고 폭신한 느낌이 날 때까지 전기 믹서의 중속으로 3분 정도 휘젓다가, 달걀을 넣고 저속으로 잘 섞고, 밀가루 혼합물을 더해 저속으로 약 2분간 잘 섞어. 믹서를 끄고 그릇 벽면을 실리콘 주걱으로 훑어 모아주고, 바닐라와 페퍼민트 추출물과 크림을 더해서 다시 믹서기의 중속으로 2분쯤 휘저어. 그러면 반죽이 완성될 거야.

2 반죽을 작업대 위로 긁어내서, 손으로 원반 모양으로 만들어 랩으로 단단히 싼 뒤 약 30분 동안 냉장고에 넣어서 차갑게 식혀.

3 오븐을 190℃로 예열하고, 오븐용 팬 2개에 각각 유산지를 깔아.

4 반죽을 밀가루를 뿌린 작업대 위에 올려서 약 0.6cm 두께로 밀어서 펴. 약 6cm 크기의 둥근 쿠키 커터로 모양을 찍어낸 다음, 금속 주걱으로 팬에 2.5cm 간격으로 조심조심 옮겨 담아. 남은 반죽 조각들은 모아서 다시 밀어서 편 다음, 커터로 너 많이 씩어내. 반죽이 너무 부드럽고 끈적거려서 잘 밀리지 않으면, 랩으로 싸서 15분 정도 넣어두면 약간 단단해질 거야.

조금만 더 힘을 내자…

5 오븐에는 한 번에 팬 1개씩만 넣고, 쿠키 중심부를 만지면 단단한 느낌이 들 때까지 8-10분 정도 구워(쿠키는 아주아주 뜨거우니까 조심해서 만져야 해). 팬을 철망에 올려 5분간 식히고, 쿠키를 받침대로 옮겨 완전히 식혀. 나머지 쿠키도 같은 방식으로 구워줘. 유산지를 깐 오븐용 팬은 그대로 두고.

6 글레이즈를 만들자. 초콜릿을 중간 크기의 내열 그릇에 담아 고출력 전자레인지에서 30초 돌린 다음 저어주고, 그 뒤로 초콜릿이 부드럽게 녹을 때까지 15초씩 돌리고 젓기를 반복해(초콜릿이 지나치게 뜨거워지지 않게 조심). 여기에 기름과 페퍼민트 추출물을 넣고 저어줘.

7 쿠키를 1개씩 글레이즈에 담그고, 포크 2개로 쿠키를 뒤집으며 앞뒷면에 골고루 코팅이 되도록 해줘. 포크로 쿠키를 꺼낸 뒤 글레이즈 여분이 다 흘러내릴 때까지 살살 흔들어줘. 글레이즈를 입힌 쿠키를 유산지를 깐 팬 1개에 다시 올리고, 다른 쿠키들도 같은 방식으로 글레이즈를 입혀(글레이즈가 굳기 시작하면, 전자레인지로 15초씩 돌리고 젓기를 반복하여 다시 녹이면 돼).

8 쿠키를 뚜껑을 덮지 않은 채로 냉장고에 넣어 글레이즈가 굳을 때까지 20분쯤 두었다가, 차가운 채로 내도 좋고 상온에 두었다 먹어도 좋아. 쿠키를 보관할 때는 밀폐 용기에 넣고 유산지를 끼워 층을 쌓으면 돼. 냉장고에 두면 3일까지 먹을 수 있지.

거위 알 에그노그 *The Goose Eggs' Nog*

크리스마스 전통 음료인 에그노그도, 우리 입맛대로 바꿔 만들어보자!
달콤한 휘핑크림과 갓 갈아낸 향신료를 얹으면 아, 향긋해!

재료 (8-10인분)

큰 달걀 노른자만 12개
전지우유 4컵
설탕 1¼컵
헤비 크림 2컵
퓨어 바닐라 추출물 ½작은술
육두구 1작은술
시나몬 가루 1작은술

만드는 법

1 큰 냄비에 달걀 노른자, 우유 2컵, 설탕 1컵을 넣고 휘젓다가, 약한 불에 올려 자주 저어주며 살짝 걸쭉해질 때까지 8-10분 정도 뭉근히 끓여. 불을 끄고 남은 우유 2컵을 마저 넣고 저어준 뒤 식히자.

2 달걀 혼합물 식힌 것(1번)을 망이 고운 체에 받쳐 차림용 물병이나 펀치 볼에 내린 다음, 완전히 차가워질 때까지 최소한 3시간에서 하룻밤 정도 냉장고에 넣어둬.

3 그릇에 크림, 남은 설탕 ¼컵, 바닐라를 넣고 블렌더나 거품기로 휘저어. 크림에서 뿔이 딸려 올라와 주저앉지 않을 정도면 에그노그 완성! 컵이나 유리잔에 따라 달콤한 휘핑크림을 얹고 육두구와 시나몬 가루를 뿌리면 돼.

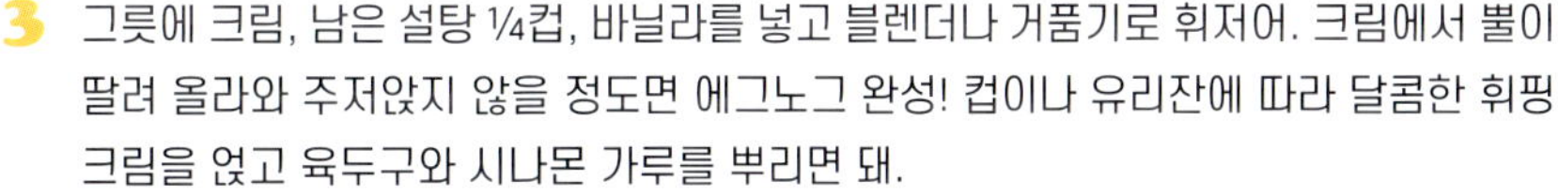

마시의 똑 부러진 퍼지 *Marcie's No-Fudge Fudge*

마시멜로가 들어가서 공기처럼 가볍고 부드러운 퍼지!
하나 더 먹으려면 서둘러야 해. 금방 사라져버릴 테니까.

재료 (약 32조각 분량)

녹인 무염 버터 ½컵
눌러 담은 황설탕 2컵
과립 설탕 2컵
하프&하프 크림 1컵
투명한 옥수수 시럽 ½컵
소금 ¼작은술
비터스위트 또는 세미스위트 초콜릿
　약 230g (적당히 조각내서)
미니 마시멜로 2컵

만드는 법

1. 약 23x28cm, 혹은 23x33cm 오븐용 팬에 살짝 기름칠을 해.

2. 크고 무거운 냄비에 버터, 황설탕, 과립 설탕, 하프&하프 크림, 옥수수 시럽, 소금을 넣고, 중간 불로 끓이면서 쉬지 않고 저어줘. 페이스트리 브러시를 뜨거운 물에 담갔다가 꺼내서 냄비 벽에 생기는 설탕 결정을 쓸어내려. 2분 30초쯤 끓이다가, 초콜릿을 넣고 초콜릿이 녹아서 잘 섞일 때까지 저어. 냄비에 사탕 온도계를 걸고 약 110℃가 될 때까지 7-10분 동안 젓지 말고 계속 끓여.

3. 불을 끄고 15분쯤 식혀서, 온도를 40℃ 정도로 (혹은 상온과 비슷한 온도로) 식혀. 빛깔이 약해지고 크림 질감이 될 때까지 전기 믹서로 2-3분 휘저어.

4. 팬에 마시멜로 절반을 뿌리고 숟가락으로 퍼지를 절반 떠서 그 위에 얹어. 나머지 마시멜로를 그 위에 뿌리고, 또 나머지 퍼지를 숟가락으로 떠 넣어. 실리콘 주먹으로 퍼지 표면을 매끄럽게 다듬으며 마시멜로와 퍼지를 같이 꾹 눌러줘. 알루미늄 호일로 팬을 덮고 냉장고에 넣어 단단해질 때까지 약 6시간 동안 두었다가, 정사각형으로 잘라서 내면 완성. 남은 음식은 알루미늄 호일로 단단히 싸서 냉장고에 넣고 1주일까지 보관할 수 있어.

있잖아~ 구워서 다진 아몬드 1컵을 마시멜로와 함께 부으면 로키로드 버전으로 만들 수도 있어! ('로키로드'는 초콜릿, 견과류, 마시멜로를 섞어서 만든 아이스크림이야.)

The One
& Only
KITE-EATING TREE

찰리에게,
스크루지 씨가

프랭클린의 과일 케이크 *Franklin's Fruitcake*

설탕에 절인 과일 말고 건과일을 올려도 케이크는 언제나 맛있지!
건과일도, 견과류도, 좋아하는 대로 마음껏 팍팍 넣자!

재료 (16–18인분)

말린 배 다진 것 1컵
말린 살구 다진 것 1컵
씨를 뺀 말린 자두 다진 것 1컵
씨를 뺀 대추 다진 것 ½컵
검은 건포도 ½컵
노란 건포도 ½컵
설탕 절임 오렌지 껍질 1큰술
 (곱게 다진 것)
설탕 절임 생강 1큰술
 (곱게 다진 것)
물 ½컵
퓨어 바닐라 추출물 1큰술
상온의 무염 버터 1½컵
설탕 2½컵
상온에 둔 큰 달걀 8개
체 친 박력분 밀가루 3컵
소금 ½작은술
볶은 땅콩 다진 것 2컵

만드는 법

1 오븐을 약 160℃로 예열하고, 25cm 튜브 팬에 기름칠을 해. 유산지를 팬의 모양에 딱 맞게 잘라서 깔고, 유산지에도 기름칠을 한 뒤, 그 위와 팬의 옆면에 밀가루를 뿌려.

2 그릇에 배, 살구, 자두, 건포도, 오렌지 껍질, 생강을 넣어. 컵에 물과 바닐라를 섞어서 그 위에 붓고, 상온에서 최소 4시간에서 하룻밤까지 놔둬(때때로 저어주면서).

3 큰 그릇에 버터를 넣고 전기 믹서를 중속으로 연하고 폭신한 질감이 될 때까지 7분간 휘저어줘. 설탕을 넣고 다시 폭신한 느낌이 올라올 때까지 4분을 더 휘젓고, 달걀을 1개씩 넣되 넣을 때마다 잘 섞이도록 휘저어. 이제 저속으로 낮추고 밀가루와 소금을 넣고 혼합해. 나무 숟가락으로 견과류와 과일을 넣어 부드럽게 섞고.

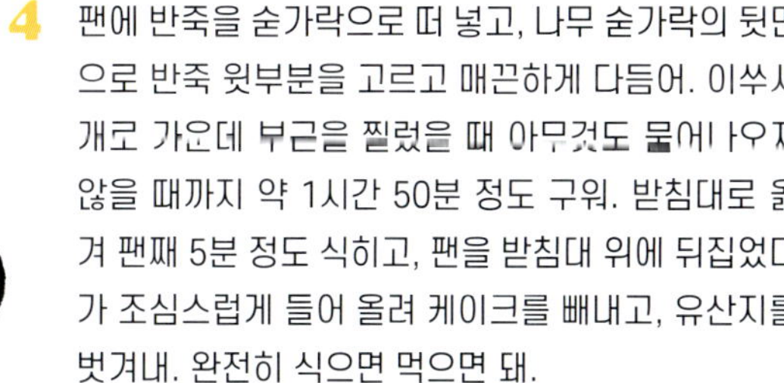

4 팬에 반죽을 숟가락으로 떠 넣고, 나무 숟가락의 뒷면으로 반죽 윗부분을 고르고 매끈하게 다듬어. 이쑤시개로 가운데 부근을 찔렀을 때 아무것도 묻어 나오지 않을 때까지 약 1시간 50분 정도 구워. 받침대로 옮겨 팬째 5분 정도 식히고, 팬을 받침대 위에 뒤집었다가 조심스럽게 들어 올려 케이크를 빼내고, 유산지를 벗겨내. 완전히 식으면 먹으면 돼.

스누피의 눈송이 쿠키 Snoopy's Snowflakes

함박눈이 내리는 날에는, 바삭바삭하고 향긋한 눈송이 모양 생강 쿠키!

재료 (쿠키 약 48개분)

중력분 밀가루 6컵 (필요에 따라 조금 더)
베이킹소다 1큰술
상온의 무염 버터 1컵
과립 설탕 2½컵
흑색 옥수수 시럽 ¾컵
물 ¾컵
시나몬 가루 1큰술
정향 가루 1큰술
생강 가루 1큰술
바닐라 아이싱 (118쪽 참고)
장식용 백설탕 (취향에 따라)

만드는 법

1 큰 그릇에 밀가루와 베이킹소다를 넣고 섞어. 다른 큰 그릇에 버터와 과립 설탕을 넣고 전기 믹서의 중속으로 연하고 폭신한 질감이 나올 때까지 약 3분쯤 휘저어.

2 중간 크기의 냄비에 옥수수 시럽, 물, 향신료를 섞고, 중불에 올려 가끔씩 저어주며 끓인 다음, 불을 끄고 5분 동안 식혀. 이것을 버터-설탕 혼합물에 부어 잘 저으며 섞어. 밀가루 혼합물을 솔솔 뿌려 넣으며 잘 저어서 섞어. 손에 밀가루를 묻히고 반죽을 직사각형으로 만든 뒤 랩으로 꼭 싸서 2시간쯤 냉장고에 넣어두면 단단해질 거야.

3 오븐을 175℃로 예열하고, 오븐용 팬 2개에 유산지를 깔아.

4 반죽을 4등분 해두고, 반죽 1개를 밀가루를 뿌린 작업대에 올려서 약 0.6cm 두께로 밀어서 편 다음, 눈송이 모양 쿠키 커터로 잘라내고, 팬에 2.5cm 간격으로 올려. 나머지 반죽들도 같은 방법으로 눈송이 모양을 잘라내면 돼. 자르고 남은 반죽은 한데 뭉쳐 다시 밀어서 펴고, 눈송이 모양을 잘라내는 과정을 반복해.

5 오븐에 한 번에 1개의 팬만 넣어, 쿠키가 단단해질 때까지 10-12분 정도 구워. 팬을 철망에 올려 5분간 식힌 다음, 쿠키를 받침대로 옮겨 완전히 식혀. 나머지 쿠키도 같은 방식으로 굽고.

6 바닐라 아이싱과 백설탕으로 취향에 따라 쿠키를 장식해. 아이싱은 굳을 때까지 상온에 최소 2시간에서 하룻밤까지 놓아둬.

크리스마스의 (후회) 장작 *Yule (regret it) Log*

크리스마스 장작을 닮은 이 고전 크리스마스 케이크를 만든 건 후회하지 않을 거야!

재료 (10-12인분)

중력분 밀가루 1컵
베이킹파우더 ¾작은술
소금 ¼작은술
큰 달걀 4개
과립 설탕 ⅔컵
퓨어 바닐라 추출물 1¼작은술
슈거파우더 (뿌리는 용도)
초콜릿 퍼지 프로스팅 (119쪽 참고)

만드는 법

1 오븐을 175℃로 예열해. 테두리가 있는 25x38cm 오븐용 팬에 기름칠을 하고, 바닥에 유산지를 깐 다음, 유산지 위와 팬 옆면에 기름칠을 하고 밀가루를 뿌려.

2 우선 케이크 만들기. 그릇에 밀가루, 베이킹파우더, 소금을 체 쳐 놓자. 큰 그릇에 달걀을 넣고 전기 믹서를 중고속으로 해서 연하고 걸쭉한 질감이 될 때까지 3분쯤 휘저어. 과립 설탕과 바닐라를 넣고 부피가 3배로 팽창할 때까지 3분간 더 휘젓고.

3 달걀 혼합물에 밀가루 혼합물을 뿌려 넣고, 실리콘 주걱으로 살살 부드럽게 섞어서, 팬에 붓고 고르게 펴. 그러고 나서 케이크를 살짝 눌렀을 때 다시 제자리로 올라올 때까지 13-15분 동안 굽자.

4 키친타월을 작업대에 깔고 슈거파우더를 체에 받쳐 고르게 듬뿍 뿌려줘. 케이크를 오븐에서 꺼내 팬의 안쪽 면을 칼로 훑어 케이크를 쉽게 빼내자. 케이크를 들고 준비해둔 키친타월 위에 팬을 뒤집어. 팬을 조심스럽게 들어서 빼고, 케이크에서 유산지를 벗겨내. 긴 가장자리쪽에서 케이크와 키친타월을 돌돌 만 다음, 받침대에 올려서 식혀.

5 케이크를 펼쳐서, 프로스팅의 ⅓을 케이크에 펴 바르고 다시 부드럽게 말고(키친타월 없이), 말린 끝 부분이 밑으로 가게 해서 도마에 올려. 나머지 프로스팅을 롤 케이크의 윗면과 옆면에 펴 바르고, 칼끝으로 길게 선을 그으면 제법 나무 껍질처럼 보일 거야. 톱니 모양 칼로 양 끝부분을 날카로운 각도로 손질하면 완성.

반짝반짝 사탕 지팡이 쿠키 *Sparkling Candy Cane Cookies*

와하하, 유쾌하고 눈부신 꽈배기 사탕 과자! 아롱아롱한 달콤함이 반짝반짝!

재료 (쿠키 약 24개분)

중력분 밀가루 2½컵
　(뿌리는 용도로 조금 더)
베이킹파우더 1작은술
소금 ½작은술
상온의 무염 버터 1컵
과립 설탕 ¾컵
큰 달걀 노른자만 3개
퓨어 바닐라 추출물 1½작은술
식용색소 빨간색
달걀 흰자만 1개
반짝이용 백설탕 1큰술

만드는 법

1 그릇에 밀가루, 베이킹파우더, 소금을 체 쳐서 담아. 혼합기를 부착한 반죽기에 버터와 과립 설탕을 넣고 연하고 폭신한 느낌이 나올 때까지 중속으로 3분간 휘젓다가, 저속으로 줄여서 달걀 노른자를 1개씩 넣으며 넣을 때마다 잘 섞어줘. 바닐라까지 넣고 1분 동안 저은 다음, 반죽기를 멈추고 그릇 옆면을 주걱 등으로 긁어 내려줘. 밀가루 혼합물을 넣어 잘 섞이도록 1분 동안 저속으로 휘젓고.

2 반죽을 작업대 위에 놓고 2등분하고, 한 덩이는 혼합기를 부착한 반죽기에 넣고 빨간색 식용 색소를 몇 방울 떨어뜨리고, 색깔이 잘 들도록 중저속으로 저어. 두 반죽을 모두 원반 모양으로 편 뒤 각각 랩으로 싸서 하룻밤 동안 냉장고에 보관해. 반죽은 사용하기 전에 상온에 꺼내두고 약간 부드럽게 만들면 돼.

3 오븐을 175℃로 예열하고, 테두리가 있는 오븐용 팬에 유산지를 깔아.

4 빨간색 반죽 원반을 밀가루를 뿌린 작업대에 놓고 약 0.6cm 두께로 밀어서 편 다음, 길이 15cm에 폭 2cm 정도의 가느다란 조각으로 잘라. 무색소 반죽도 동일한 방법으로 길고 가늘게 자르고. (또는 각각의 반죽을 한 2cm 두께의 긴 노끈처럼 말아서 15cm 길이로 잘라도 좋아.) 빨간색 조각과 무색소 조각을 1개씩 들고 양끝을 한데 꼬집고 살살 꼬아주자. 반대쪽 끝도 꼬집듯이 눌러 풀어지지 않게 하고, 한쪽 끝을 고리 모양으로 구부리면 사탕 지팡이 모양 완성!

5 오븐용 팬에 올려둬. 작은 그릇에 달걀 흰자를 넣고 살짝 저어서, 브러시로 찍어서 사탕 지팡이 쿠키에 바르고, 반짝이 설탕을 고르게 뿌려. 나머지 반죽들도 동일한 방법으로 사탕 지팡이를 만들어. 쿠키 가장자리가 노릇해질 때까지 8분쯤 굽고, 팬을 철망에 놓고 5분간 식힌 다음, 쿠키를 받침대로 옮겨 완전히 식혀.

퍽!

야! 꽤 잘 던졌어. 그렇지, 라이너스?
너도 그렇게 멀리까지 눈덩이를 던질 수 있으면 좋겠지?

홱-!

태어나서 처음으로 골리앗이 어떤 기분이었을지 조금 알 것 같아!
SCHULZ

눈덩이 총알 쿠키 *Slingshot Snowballs*

북유럽 전통의 이 "페퍼 넛" 쿠키, "페퍼누스"는 설탕을 묻힌 작은 눈덩이와 닮았지.
자기 입을 겨냥해야 한다는 걸 명심해!

재료 (쿠키 약 30개분)

중력분 밀가루 2¼컵

베이킹소다 ¼작은술

흑후추 가루 ½작은술

아니스 씨 으깬 것 ½작은술

시나몬 가루 ½작은술

소금 ½작은술

육두구 가루 ¼작은술

정향 가루 ⅛작은술

상온의 무염 버터 ½컵

눌러 담은 황설탕 ¾컵

1차 당밀 (무황) ¼컵

큰 달걀 1개

슈거파우더 2컵

만드는 법

1 중간 크기의 그릇에 밀가루, 소금, 후추, 아니스 씨, 시나몬, 베이킹소다, 올스파이스, 육두구, 정향 가루를 체 쳐 넣어. 큰 그릇에 버터, 황설탕, 당밀을 넣고 전기 믹서의 중속으로 연하고 폭신한 질감이 나올 때까지 약 4분간 휘저어. 달걀을 넣고 젓다가, 저속으로 낮추고 밀가루 혼합물을 넣어서 섞어. 뚜껑을 덮고 냉장고에 넣어 몇 시간 두자.

2 오븐을 175℃로 예열하고, 테두리가 있는 오븐용 팬 2개에 기름칠을 해.

3 반죽을 조금 떠서 두 손바닥으로 굴려 지름 약 4cm 크기의 공 모양을 만들고, 오븐용 팬에 5cm 간격을 두고 올려.

4 쿠키 밑 부분이 노릇노릇해지고 단단한 감촉이 생길 때까지 14분 정도 굽고, 팬을 받침대로 옮기고 쿠키를 팬째로 살짝 식혀. 슈거파우더를 튼튼한 종이봉투에 담고, 따뜻한 쿠키 몇 개를 봉투에 넣고 입구를 단단히 닫은 뒤 살살 흔들어 쿠키에 파우더를 입혀. 봉투에서 꺼낸 쿠키는 받침대에 올려두자. 나머지 쿠키들도 이런 방법으로 완성시켜.

5 완전히 식혀서 먹으면 끝. 밀폐 용기에 넣어 서늘한 상온에 두면 1주일까지 먹어도 괜찮아.

안 굽는 코코넛 사탕 No-Bake Coconut Candies

초콜릿과 코코넛, 마카다미아 넛이 바삭바삭 씹히는 맛있는 크리스마스 간식!
이렇게 맛있는데, 오븐을 켤 필요도 없이 간단히 만들 수 있다니!

재료 (캔디 48개분)

밀크 초콜릿 다진 것 280g
비터스위트 또는 세미스위트 초콜릿
　약 85g (다진 것)
소금을 살짝 뿌려 구운 마카다미아
　넛 2컵 (적당히 다진 것)
가당 코코넛 체 썬 조각 1컵
　(살짝 구운 것)

만드는 법

1 테두리가 있는 팬에 유산지를 깔아.

2 초콜릿을 내열 용기에 담아 뭉근히 물이 끓는 냄비 위에 물에 직접 닿지 않도록 올려서 데우며, 부드럽게 녹을 때까지 계속 저어. 냄비에 있던 뜨거운 물을 따라내고 미지근한 물을 채운 다음, 다시 초콜릿 그릇을 올리고, 자주 저어주며 초콜릿이 약간 식어 되직해지기 시작할 때까지 10분쯤 기다리자.

3 초콜릿에 마카다미아 넛과 구운 코코넛을 잘 섞고, 작고 둥근 티스푼으로 떠서 팬 위에 고른 간격을 두고 떨어뜨려. 뚜껑을 덮지 않고 냉장고에 넣어서 2시간쯤 굳혀.

4 밀폐 용기에 담아 냉장고에 넣으면 1달까지 두고 먹을 수 있고, 냉동실에서는 2달까지 보관이 가능해.

이건 주의해! 채썬 코코넛 가루를 구울 때는 오븐용 팬에 고르게 올려 175℃에서 가끔씩 뒤섞어 주며 연한 금빛이 될 때까지 8분간 구워.

PEANUTS
by SCHULZ

야!
사탕 한 개
먹을래?

초콜릿이네? 고마워… 어디 볼까…
코코넛이 들어 있는 걸 고르면 안 되니…
코코넛은 질색이거든… 어디 보자…흠…

저건 크림 같은데. 하지만 모를 일이지…
캐러멜일 수도 있고…직감이 맞으란 법은 없잖아?
저건 아마 코코넛일 거야…

밝은 색깔은 보통 좋지만, 어두운 색깔이 크림일
때도 있어… 저 네모난 모양은 뭔지 모르겠는데…
어쩌면 저건…

하나 골라!

코코넛이야!
SCHULZ

루시의 쿵쿵 덤프 케이크 *Lucy's Wump Dump Cake*

올해는 휴가철 축구 대회가 더 쉬워질 거야!
이 레시피대로 모든 재료를 팬에 넣고 굽기만 하면 끝이거든.

재료 (12인분)

냉동 베리류 모듬 1봉지
   (450g, 살짝 해동한 것)
중력분 밀가루 2큰술
노란 케이크 믹스 1팩 (약 430g)
얇은 슬라이스로 자른 버터 ½컵
곁들이용 바닐라 아이스크림

*'덤프 케이크'는, 케이크 믹스와 과일을 섞어 파이와 비슷하게 만든 케이크를 말해.

만드는 법

1 오븐을 175℃로 예열해.

2 베리류를 밀가루와 섞고 23x33cm 오븐용 접시에 담아. 그 위에 케이크 믹스를 뿌리고 잘 뒤섞어 혼합해. 그 위에 버터 조각들을 고르게 겹쳐 올리고.

3 노릇노릇하게 익으며 거품이 보글거릴 때까지 약 45-50분 정도 구워.

4 아이스크림을 얹어 따뜻하게 먹으면 최고!

AAUGH!

트러플스 트러플 *Truffles's Truffles*

초콜릿의 장점들만 쌓아올린 최고의 간식에, 재료는 단 4가지!
이보다 더 완벽한 연말 간식이 어디 있겠어!

재료 (트러플 약 50개 분량)

비터스위트 또는 세미스위트
   초콜릿 230g (다진 것)
정제 무염 버터 ½컵 (121쪽 참고)
헤비 크림 ¾컵
무가당 더치 프로세스
   코코아 파우더 ½컵

만드는 법

1 내열 용기를 물에 닿지 않도록 물이 끓는 냄비 위에 올려서, 가끔 저어주며 초콜릿을 부드럽게 녹인 다음, 용기를 냄비에서 내리고 정제 버터를 넣고 잘 섞어. 크림까지 넣고 저어준 다음, 뚜껑을 덮고 냉장고에 넣어 10-15분 동안 굳혀.

2 코코아 파우더를 얕은 접시에 덜어서 펼쳐놔. 티스푼으로 걸쭉해진 초콜릿 혼합물을 소복이 2회 떠서 2cm 크기의 공 모양을 만들고, 코코아 파우더에 굴려 가루를 입힌 뒤 접시에 담아. 초콜릿을 모두 같은 방식으로 만들어 접시에 담은 다음, 냉장고에 넣고 딱딱해질 때까지 30-40분간 기다렸다가, 다시 코코아 파우더에 넣고 굴려 가루를 잘 입히고, 보관 용기에 담아.

3 남은 코코아 파우더가 있으면 마저 다 붓고 용기를 흔들어 가루가 고르게 묻게 해. 뚜껑을 닫고 냉장고에 두면 1주일까지 보관이 가능해. 먹을 때는 냉장고에서 10분 전에 미리 꺼내두고.

찰리 브라운의 턱시도 쿠키 *Charlie Brown's Tuxedo Cookies*

평범한 쿠키가 다크 초콜릿과 눈처럼 하얀 글레이즈로 꾸미고 멋지게 변신!.
제야의 종이 울릴 때 이 멋지게 차려 입은 쿠키를 나눠 먹으며 새해를 맞이하자!

재료 (쿠키 40개분)

행운의 클로버 쿠키
(15쪽 참고, 클로버 아이싱 없이)

초콜릿 글레이즈
헤비 크림 ¼컵
무염 버터 약 1.3cm 조각으로
  자른 것 ¼컵
투명한 옥수수 시럽 3큰술
세미스위트 초콜릿 140g (다진 것)

눈처럼 하얀 글레이즈
슈거파우더 3컵
뜨거운 물 ¼컵
투명한 옥수수 시럽 2큰술
아몬드 추출물 ½작은술

만드는 법

1 클로버 쿠키용 반죽을 만들고 밀어서 편 다음, 약 7.5cm 크기의 쿠키 커터로 동그란 조각들을 잘라내고, 레시피대로 쿠키를 구워 식혀두자.

2 초콜릿 글레이즈 만들기. 크림, 버터, 옥수수 시럽, 초콜릿을 내열 용기에 넣고, 물이 닿지 않도록 끓는 물 냄비 위에 얹어서, 초콜릿이 부드럽게 녹을 때까지 3-4분 동안 계속 저으며 데워. 냄비에서 내려 상온에 45분쯤 둬서 걸쭉해지도록 식히거나, 뚜껑을 덮어 냉장고에 넣고 15분 동안 식혀.

3 하얀 글레이즈 만들기. 슈거파우더를 그릇에 체 쳐 넣고, 뜨거운 물과 옥수수 시럽과 아몬드 추출물을 더해 부드러워질 때까지 저어.

4 테두리가 있는 오븐용 팬에 왁스페이퍼를 깔아. 티스푼으로 하얀 글레이즈를 떠서 쿠키에 얹고, 스푼 뒷면으로 글레이즈를 쿠키의 반만큼 펴 발라(글레이즈가 너무 걸쭉해서 잘 펴지지 않으면 뜨거운 물을 몇 방울 넣고 저어주면 돼). 다음으로 초콜릿 글레이즈를 한 스푼 떠서 글레이즈가 없는 쿠키의 나머지 반쪽에 고르게 펴 발라. 쿠키를 팬에 옮겨 담아 글레이즈가 굳을 때까지 냉장고에 30분 동안 넣어두거나, 랩을 덮으면 3일까지 보관할 수 있어.

3
2
1
HAPPY
NEW YEAR!

샐리의 초콜릿 뽀뽀 Sally's Chocolate Smacks

밸런타인 데이에 달콤한 라즈베리가 섞인 호사스러운 초콜릿 뽀뽀를 누가 거절할 수 있겠어?

재료 (초콜릿 약 36개분)

세미스위트 초콜릿 약 110g
  (곱게 다진 것)
라즈베리 1½파인트

만드는 법

1 테두리가 있는 큰 오븐용 팬에 기름칠을 하고 왁스페이퍼를 깔아.

2 초콜릿을 내열 용기에 담아 물에 닿지 않도록 물이 끓는 냄비 위에 올리고, 젓지 말고 기다리다가 초콜릿이 녹기 시작하면 다 녹을 때까지 저어.

3 녹인 초콜릿을 작은 숟가락으로 떠서 지름 약 0.6cm 정도의 둥근 모양이 되도록 왁스페이퍼에 떨어뜨리고, 곧바로 그 위에 라즈베리를 동그란 부분이 위를 향하도록 올려. 뚜껑 없이 냉장고에 넣어 초콜릿을 만졌을 때 단단하고 건조하고 차가운 느낌이 들 때까지 약 15분 동안 기다려.

4 초콜릿에서 조심조심 왁스페이퍼를 떼어내면 완성! 곧바로 내거나, 밀폐 용기에 담아 냉장고에 두고 2일 까지 보관할 수 있어.

점심시간
이다!

여기 자리 많아, 겸둥아…

내 땅콩버터
샌드위치 한 입
먹을래, 라이너스?
아니, 괜찮아…
나도 있어.

점심 같이
먹으니까
좋지?
우린 점심을 같이 먹는
게 아니야… 단지 같은
벤치에 앉아 있는 것
뿐이야.

저 남자애
들은 뭘 하
는 거야?
축구… 공을
운동장에서 차는
경기인데…

다쳤어, 라이너스?
다친 거야?
맙소사!

가여워라!
♥ 쪽! ♥
?!

보건선생님을 뵙고 싶
은데요… 축구공에 맞
았거든요! 아니에요.
머리는 괜찮아요…
뽀뽀 때문이에요…눈에
땅콩버터가 들어갔어요!

바이올렛의 밸런타인 사탕 *Violet's Valentine's Candies*

이 달콤하고도 고전적인 버터민트를 보여주면,
모두들 이 밸런타인 선물을 받고 싶어서 안달할 거야!

재료 (민트 50개분)

중력분 밀가루 1컵
베이킹파우더 ¾작은술
소금 ¼작은술
큰 달걀 4개
과립 설탕 ⅔컵
퓨어 바닐라 추출물 1¼작은술
슈거파우더 (뿌리는 용도)
초콜릿 퍼지 프로스팅 (119쪽 참고)

만드는 법

1 그릇에 체 친 슈거파우더 1컵과 버터, 따뜻한 물 1큰술을 넣고, 전기 믹서의 중속으로 부드럽게 휘저어서 섞다가, 나머지 슈거파우더 1½컵과 물 ½큰술을 조금씩 첨가하면서 혼합물이 잘 섞일 때까지 휘저어. (손에 들러붙지 않고 부드러운 상태여야 해. 파삭거리는 느낌이 들면 물을 몇 방울 더 넣고, 끈적이면 설탕을 조금 더 넣어.)

2 페퍼민트 추출물을 넣고 손으로 쥐어짜듯이 움켜쥐며 혼합물과 섞어. 맛을 보고, 만약 더 강한 페퍼민트 향을 원한다면 페퍼민트 추출물을 몇 방울 더 넣고 치대줘.

3 혼합물의 절반을 다른 그릇에 옮겨 담자. 한쪽에는 빨간색 식용 색소를 1-2방울 넣고 반죽이 고르게 분홍빛을 띠도록 치대고, 다른 쪽 그릇에는 색소를 3-4방울 넣고 빨간색이 고르게 나오도록 치대자.

4 오븐용 팬에 왁스페이퍼를 깔자. 큰 왁스페이퍼 2장을 펼쳐 놓고 슈거파우더를 살짝 뿌려. 한 장 위에 분홍색 덩이를 놓고, 다른 한 장으로 슈거파우더 면이 아래를 보도록 해서 덮은 다음, 밀대로 약 0.3cm 두께로 밀어서 펴. 위쪽 왁스페이퍼를 벗겨내고, 작은 하트 모양 쿠키 커터로 민트 반죽을 찍어내. 잘라낸 민트 조각을 왁스페이퍼를 간 팬 위로 조심스럽게 옮겨줘. 빨간색 반죽도 같은 방식으로 넓게 펴서 빨간색 조각을 찍어내. 1시간 정도 기다리면 민트가 굳을 거야.

5 민트를 밀폐 용기에 담아 서늘한 곳에 두고 3일까지 보관할 수 있어.

"빨간 머리 소녀" 벨벳 컵케이크

"Little Red-Haired Girl" Velvet Cupcakes

이 컵케이크는 빨간 머리의 소녀도 홀딱 반할 만큼 맛있지!

재료 (컵케이크 20개분)

체 친 무가당 코코아 파우더 2큰술
끓는 물 ⅓컵
버터밀크 1컵
동결건조 딸기 1컵
중력분 밀가루 2컵
소금 ¼작은술
상온의 무염 버터 ¾컵
설탕 1½컵
큰 달걀 3개
퓨어 바닐라 추출물 2작은술
식용 색소 분홍색
베이킹소다 1½작은술
백식초 1작은술
딸기 크림치즈 프로스팅 (118쪽 참고)
장식용 일반 스프링클이나 하트 모양
　　스프링클, 빨간색과 분홍색
　　(취향에 따라)

만드는 법

1 오븐을 175℃로 예열하고, 표준 12구 머핀 컵 2개 중 20개 컵 안에 종이나 알루미늄 호일을 깔아.

2 내열 용기에 코코아와 끓는 물을 넣고 잘 섞은 뒤, 버터밀크를 넣고 휘저은 다음, 잠시 놓아두자.

3 건딸기를 지퍼백에 넣고 공기를 뺀 뒤 밀봉해서, 밀대나 나무 숟가락으로 으깨 고운 가루로 만든 다음, 작은 그릇에 담아 밀가루와 소금을 넣고 잘 섞어.

4 큰 그릇에 버터와 설탕을 넣고 전기 믹서의 중속으로 연하고 폭신한 질감이 나올 때까지 2-3분간 휘저어. 달걀을 1개씩 넣으면서 넣을 때마다 잘 저어주고, 바닐라와 색소 3방울을 넣고 잘 섞어. 밀가루 혼합물의 절반을 넣고 믹서를 저속으로 낮춰 잘 섞고, 코코아 혼합물을 붓고 저속으로 혼합한 다음, 나머지 밀가루 혼합물까지 넣고 잘 섞어. 작은 그릇에 베이킹소다와 식초를 넣고 잘 저어준 뒤, 재빨리 반죽에 부어서 실리콘 주걱으로 잘 섞어줘.

5 반죽을 머핀 컵에 고르게 담고, 이쑤시개로 컵케이크 가운데 부분을 찔렀을 때 아무것도 묻어나지 않을 때까지 약 18분 동안 구워. 팬을 철망에 놓고 10분 동안 식힌 다음, 컵케이크를 받침대로 옮겨 약 1시간 동안 완전히 식혀.

6 짤주머니에 별 모양 깍지를 끼워 컵케이크에 딸기 크림치즈 프로스팅을 짜 올리면 완성. 취향에 따라 스프링클로 장식해도 좋아.

기본 레시피 *BASIC RECIPE*

딸기 크림치즈 프로스팅
Strawberry-Cream Cheese Frosting

만드는 법

큰 그릇에 크림치즈, 버터, 바닐라를 넣고 중속의 믹서로 연하고 폭신한 질감이 날 때까지 약 2분간 젓는다. 믹서를 끄고 실리콘 주걱으로 그릇을 훑어 내린다. 슈거파우더를 반만 넣고 저속으로 작동시켰다가, 믹서를 끈 뒤 남은 슈거파우더를 넣고 중속으로 고르게 잘 섞는다. 프로스팅은 쉽게 퍼져야 한다. 만약 너무 부드럽다면 뚜껑을 덮어 15분간 냉장고에 넣어둔다.

4등분한 크기의 동결건조 딸기를 지퍼백에 넣고 공기를 빼낸 다음 봉한다. 밀대나 나무 숟가락으로 딸기를 곱게 으깬다. 가루가 된 딸기를 크림치즈 프로스팅에 넣고 잘 섞이도록 저속의 믹서로 젓는다. 끝!

재료 (약 3컵 분량)

상온에 둔 크림치즈 2팩 (약 230g)
상온에 둔 무염 버터 12큰술
퓨어 바닐라 추출물 2작은술
슈거파우더 2컵
동결건조 딸기 1컵

바닐라 아이싱 *Vanilla Icing*

만드는 법

중간 크기의 그릇에 슈거파우더, 옥수수 시럽, 바닐라를 넣고 잘 섞이도록 휘젓는다. 아이싱이 너무 걸쭉하면 물을 더 넣는다. 끝!

클로버 아이싱

위의 방법대로 아이싱을 만들 때, 바닐라와 함께 초록색 식용 색소를 5-6 방울 넣고 젓는다.

재료 (약 ½컵 분량)

슈거파우더 2컵
따뜻한 물 2큰술 (필요할 경우 조금 더)
투명한 옥수수 시럽 1큰술
퓨어 바닐라 추출물 1작은술

레몬 아이싱 *Lemon Icing*

만드는 법

작은 냄비에 버터, 레몬 껍질, 레몬 즙을 넣고 버터가 녹을 때까지 중불로 끓인 다음, 불을 끄고 5분 동안 식힌다. 슈거파우더를 넣고 걸쭉하며 부드러워질 때까지 약 1분 동안 세게 휘젓는다. 끝!

재료 (약 ½컵 분량)

무염 버터 ¼컵
강판에 간 레몬 껍질 ½작은술
레몬 즙 1큰술
슈거파우더 ½컵

크림치즈 프로스팅
Cream Cheese Frosting

만드는 법

큰 그릇에 크림치즈, 버터, 바닐라를 넣고, 블렌더나 전기 믹서에 혼합기를 장착하여 부드러워질 때까지 중속으로 약 2분 동안 섞는다. 믹서를 끄고 그릇 옆면을 실리콘 주걱으로 훑어 내린다. 믹서를 저속으로 켜고, 슈거파우더를 반만 넣은 뒤 잘 섞이도록 천천히 젓는다. 믹서를 끄고, 나머지 슈거파우더를 넣은 뒤 덩어리 없이 부드럽게 섞이도록 중속으로 젓는다. 끝!

재료 (약 1½컵 분량)

상온의 크림치즈 115g

상온의 무염 버터 6큰술

퓨어 바닐라 추출물 1작은술

슈거파우더 2컵

초콜릿 퍼지 프로스팅
Chocolate Fudge Frosting

만드는 법

무거운 냄비에 버터와 크림을 넣고 자주 저어주며 버터가 녹을 때까지 약불로 끓인다. 초콜릿을 넣고 녹아서 부드러워질 때까지 약 2분 동안 젓는다. 불을 끄고 미지근하게 식힌다.
사워크림을 넣고 완전히 섞일 때까지 젓는다. 슈거파우더를 초콜릿에 체 쳐 넣으며 덩어리가 남지 않도록 계속해서 휘젓는다. 프로스팅을 식히면서 10분마다 한 번씩 저어준다. 걸쭉하게 퍼지는 정도가 되도록 30분 정도 식힌다. 끝!

재료 (약 1½컵 분량)

무염 버터 ¼컵

헤비 크림 ¼컵

사워크림 ¾컵슈거파우더 1¼컵

세미스위트 또는 비터스위트 초콜릿, 적당히 다진 것 2컵

바닐라 프로스팅*Vanilla Frosting*

만드는 법

그릇에 버터와 슈거파우더, 크림, 바닐라, 소금을 넣고 크림처럼 부드러워질 때까지 전기 믹서로 약 3분 돌린다. 끝!

재료 (약 1½컵 분량)

상온의 무염 버터 ¾컵

슈거파우더 3¼컵

헤비 크림 2큰술

퓨어 바닐라 추출물 2작은술

소금 ¼작은술

프레첼 트리 *Pretzel Trees*

만드는 법

작은 오븐용 팬에 유산지를 깔고, 프레첼 스틱을 약 7-8cm 간격으로 올린다. 캔디 멜츠를 작은 그릇에 넣어 전자레인지에서 30초 돌린 뒤 저어주고, 멜츠가 부드럽게 다 녹을 때까지 다시 15초씩 돌리며 저어준다. 녹인 멜츠를 숟가락으로 떠서 작은 짤주머니에 넣거나, 귀퉁이를 자른 작은 비닐봉지에 떠 넣는다. 손을 짧게 움직여 프레첼 끝부분에 나뭇가지 모양이 그려지도록 캔디 멜츠를 짜고, 굳을 때까지 10분 정도 냉장고에 넣어둔다. 프레첼 나무를 유산지에서 조심스럽게 떼어낸다.

재료 (나무 12개 분량)

프레첼 스틱 12개
초록색 캔디 멜츠나 세미스위트 초콜릿 칩 ½컵

싱글 크러스트 파이 반죽
Flaky Pie Dough for Single Crust

만드는 법

푸드 프로세서에 밀가루, 소금, 설탕을 넣는다. 그 위에 버터 조각을 뿌리고 몇 초 동안 작동하거나, 버터가 밀가루와 섞이되 형체가 다 사라지기 직전까지 작동한다. 밀가루 혼합물에 물을 골고루 뿌리면 반죽이 뭉치기 시작한다. 냉장고에 넣고 최소 30분에서 하루 뒤에 사용하면 되고, 냉동실에 넣으면 최대 1달까지 보관할 수 있다.

재료 (약 23cm 크기 파이 크러스트 1개 분량)

중력분 밀가루 1¼컵
소금 ¼작은술
설탕 2작은술
차가운 무염 버터, 조각으로 썬 것 7큰술
얼음물 5큰술 (필요한 경우 조금 더)

더블 크러스트 파이 반죽
Flaky Pie Dough for Double Crust

만드는 법

푸드 프로세서에 밀가루와 소금, 설탕을 넣는다. 그 위에 버터 조각을 뿌리고 몇 초 동안 작동하거나, 버터가 살짝 부서져 밀가루와 섞이되 아직 형체가 남아 있을 정도로 작동한다. 밀가루 혼합물에 물을 골고루 뿌리면 반죽이 뭉치기 시작한다. 반죽을 큰 지퍼백에 넣고 납작한 원반 모양으로 누른다. 냉장고에 넣고 최소 30분에서 하루 뒤까지 사용하면 되고, 냉동실에 넣으면 최대 1달까지 보관할 수 있다.

재료 (약 23cm 크기 파이 크러스트 2개 분량)

중력분 밀가루 2컵
소금 ½작은술
설탕 1큰술
차가운 무염 버터, 조각으로 썬 것 ¾컵
얼음물 ½컵 (필요한 경우 조금 더)

정제버터 Clarified Butter

만드는 법

작고 무거운 냄비에 버터를 넣고 중약불에서 녹인다. 버터가 타지 않도록 조심한다. 버터가 완전히 녹아서 기포가 생기기 시작하면 약불로 줄여 약 1분 동안 끓인다. 불을 끄고 우유 고형물이 바닥에 가라앉도록 2분 정도 기다린다.
숟가락으로 겉면의 거품을 걷어낸 뒤, 맑고 노란 액체 상태의 유지방을 깨끗한 용기에 조심스레 따른다. 팬에 남은 물과 우유 고형물은 버린다. 정제버터는 바로 사용하거나, 빈틈없이 밀폐하여 보관한다. 냉장고에 넣어두면 1달까지 사용할 수 있다. 약한 불에 천천히 데워서 사용한다.

재료 (약 2/3컵 분량)

무염 버터 1컵

weldon**owen**

Weldon Owen International
1045 Sansome Street
San Francisco, CA 94111
www.weldonowen.com

© 2019 Peanuts Worldwide LLC
All strips, art, and excerpts © Peanuts Worldwide LLC
www.peanuts.com

Library of Congress Cataloging-in-Publication data is available.

ISBN: 978-1-68188-447-9
Printed in China
10 9 8 7 6 5 4 3 2 1
2019 2020 2021 2022

President & Publisher Roger Shaw
Associate Publisher Amy Marr
Senior Editor Lisa Atwood
Production Director Tarji Rodriquez
Production Manager Binh Au

Weldon Owen would like to thank Charles M. Schulz for bringing laughter to so many. Heartfelt thanks also to all the folks at Cameron + Company who have worked with such wonderful creativity and diligence in producing this book.

Produced in conjunction with Cameron + Company
Publisher Chris Gruener
Creative Director Iain Morris
Designer Amy Wheless
Managing Editor Jan Hughes

Cameron + Company would first and foremost like to thank Charles M. Schulz for bringing *Peanuts* into the world. We would also like to thank Peanuts Worldwide LLC and Charles M. Schulz Creative Associates for keeping his legacy alive and for their help in making this book possible—special thanks to Senior Editor Alexis E. Fajardo for his tireless efforts on this project. A resounding thank-you to Roger Shaw and Lisa Atwood at Weldon Owen, for making this book possible.

옮긴이 박혜원

심리학을 전공했고, 현재는 전문번역가로 활동 중이다. 《퀸 (40주년 공식 컬렉션)》, 《브라이언 메이 레드 스페셜》, 《곰돌이 푸1 : 위니 더 푸》, 《곰돌이 푸2 : 푸 모퉁이에 있는 집》, 《빨강 머리 앤》, 《에이번리의 앤》, 《레드먼드의 앤》, 《이매지닝 앤》, 《소공녀 세라》, 《엄마 찾아 삼만리》, 《시크릿 가든》 등을 번역했다.

PEANUTS™

달콤한 스누피 베이킹

초판 1쇄 펴낸 날 2024년 5월 30일

그 린 이   찰스 M. 슐츠
옮 긴 이   박혜원
펴 낸 이   장영재
펴 낸 곳   (주)미르북컴퍼니
자 회 사   더스토리
전   화   02)3141-4421
팩   스   0505-333-4428
등   록   2012년 3월 16일 (제313-2012-81호)
주   소   서울시 마포구 성미산로32길 12, 2층 (우 03983)
E-mail   sanhonjinju@naver.com
카   페   cafe.naver.com/mirbookcompany

* (주)미르북컴퍼니는 독자 여러분의 의견에 항상 귀 기울이고 있습니다.
* 파본은 책을 구입하신 서점에서 교환해 드립니다.
* 책값은 뒤표지에 있습니다.